红树林团水虱危害与防控技术

The Damage of *Sphaeroma* to Mangrove and Its Control Technology

廖宝文 辛 琨 黄 勃 等 著

Liao Baowen　Xin Kun　Huang Bo　*et al.*

U0207372

科学出版社

北 京

内 容 简 介

本书运用有害生物综合防治和恢复生态学原理，全面系统地阐述了危害红树林的团水虱（Sphaeroma）的生物生态学特性、发生发展规律、对红树林危害情况、首次暴发成灾的原因、防治方法及危害迹地的红树林恢复技术等。全书内容新颖、资料丰富，提出了相关新概念、新思路和新方法，为我国红树林区团水虱危害防控，红树林生态系统的保护、恢复及其健康发展提供了切实可行的技术指导。

本书可供林业、环境、生物、生态工程、海洋等相关学科的学生、科技工作者，以及相关的管理与生产部门的工作人员参考使用。

图书在版编目（CIP）数据

红树林团水虱危害与防控技术/廖宝文等著. —北京：科学出版社，2021.6
ISBN 978-7-03-067708-2

Ⅰ.①红⋯ Ⅱ.①廖⋯ Ⅲ. ①红树林–虱科–防治 Ⅳ.①S718.54

中国版本图书馆 CIP 数据核字(2020)第 262389 号

责任编辑：王海光 赵小林 / 责任校对：胡小洁
责任印制：吴兆东 / 封面设计：刘新新

科 学 出 版 社 出版
北京东黄城根北街 16 号
邮政编码：100717
http://www.sciencep.com

北京虎彩文化传播有限公司 印刷
科学出版社发行 各地新华书店经销

*

2021 年 6 月第 一 版 开本：720×1000 1/16
2021 年 11 月第二次印刷 印张：10 1/2
字数：212 000
定价：149.00 元

(如有印装质量问题，我社负责调换)

《红树林团水虱危害与防控技术》撰写组

组　长　廖宝文

副组长　辛　琨　黄　勃　杨玉楠　刘文爱
　　　　钟才荣　管　伟

成　员（以姓氏笔画为序）

王　琩　刘文爱　李　玫　李诗川

杨玉楠　杨明柳　吴　斌　何雪香

辛　琨　陈玉军　范航清　钟才荣

姜仲茂　黄　勃　辜绳福　管　伟

廖宝文　熊燕梅

著 者 简 介

廖宝文 博士，现为中国林业科学研究院热带林业研究所研究员、博士生导师，兼任热带林业研究所红树林研究中心主任、海南东寨港红树林湿地国家野外定位观测研究站站长、红树林保护与恢复国家创新联盟理事长、国家湿地科学技术专家委员会委员、全国湿地保护标准化技术委员会委员、中国生态学会红树林生态专业委员会副主任委员、中国自然资源学会湿地资源保护专业委员会副主任委员和广东省湿地保护协会常务副理事长（兼任专家委员会主任委员）。

自 1986 年与郑德璋先生共同创立红树林研究组以来，30 多年一直从事红树林湿地研究，主要研究方向为红树林湿地恢复生态学，曾赴美国、澳大利亚、墨西哥、日本、马来西亚、泰国、巴西、爱尔兰、津巴布韦等 10 多个国家考察湿地保护与恢复情况。发表论文 180 余篇，出版红树林专著 6 部，包括《中国红树林恢复与重建技术》《海南东寨港红树林湿地生态系统研究》《红树林主要树种造林与经营技术研究》《深圳湾红树林生态系统及其持续发展》《南沙湿地环境与生物多样性》《广州南沙湿地·红树林篇》；获得国家发明专利 6 项；获得科技成果奖 5 项，包括 2014 年广东省科学技术奖一等奖"红树林快速恢复与重建技术研究"（第一完成人），2000 年国家科学技术进步奖二等奖"红树林主要树种造林与经营技术研究"（第二完成人）等。2016 年荣获全国生态建设突出贡献先进个人荣誉称号，2019 年荣获中华人民共和国成立 70 周年纪念章。带领的红树林科研团队获得 2018 年广东省"五一劳动奖状"和 2020 年"全国模范职工小家"称号。

序

　　红树林是生长于热带、亚热带海岸潮间带，受到海水周期性浸淹的木本植物群落，在固岸护堤、抵御台风海啸、维持海岸带生物多样性等方面发挥了重要作用。人们誉之为"海岸卫士"，是沿海内陆的天然屏障。

　　我国地处世界红树林分布之北缘，红树林群落的物种组成相对简单，生态系统比较脆弱，对各种干扰非常敏感。近年来，我国虽然加大了对红树林的保护力度，但是红树林生态系统的健康状况仍然不容乐观。2020 年 8 月 28 日，自然资源部、国家林业和草原局联合印发了《红树林保护修复专项行动计划（2020—2025年）》，指出强化红树林科技支撑、开展红树林保护修复科技攻关是本次行动计划的主要目标之一，而病虫害防治及有害物种防控是其中重要的研究和技术攻关内容。

　　有害生物对红树林的破坏是当前我国红树林快速退化的一个主要因素，各种生物灾害暴发频率和强度逐渐增加，不仅破坏天然红树林结构，而且导致红树林生态系统的生物多样性减少和生态功能退化。目前，造成红树林大面积死亡的有害生物主要包括团水虱、鱼藤、广州小斑螟等，其中尤以团水虱灾害最为突出。团水虱是红树林中常见的甲壳类动物，在世界各地红树林中均有发现。它通过钻孔穴居在红树植物根系和树干基部，当其种群数量暴发性增长时，大量的蛀孔就会破坏根系结构，造成红树植物死亡，对红树林群落整体结构造成破坏。在我国海南、广西、广东等红树林分布区，均发现因团水虱暴发造成的灾害。因为其破坏力强，持续时间久，成为我国红树林生态系统面临的最大威胁之一。

　　长期以来，中国林业科学研究院热带林业研究所红树林研究团队一直致力于红树林保护修复理论和应用技术研究。早在 20 世纪 90 年代，我随专家团队到珠海淇澳岛考察红树林团队开展的退化滩涂治理项目，人工辅助恢复的红树林具有的维护海岸生态和治理互花米草的双重功能给我留下了深刻的印象。该项目成果后来成为"红树林快速恢复与重建技术研究"（获得 2014 年广东省科学技术奖一等奖）的主要内容之一。之后，我又多次到淇澳岛考察调研。20 多年过去，淇澳岛成为我国互花米草控制与红树林恢复的主要示范区，并发展为广东省自然保护区和红树林科普教育基地，红树林成为淇澳岛一张靓丽的名片。

　　该红树林研究团队 20 多年如一日的坚持、探索与奉献，取得了不菲的成绩，极大地丰富了红树林培育技术体系，为我国热带、亚热带海岸防护林体系工程建设提供了种质资源储备和技术支撑。

如今，该团队又以团水虱防治中积累的大量第一手资料，以及具有自主知识产权的原始创新成果为核心内容，撰写了《红树林团水虱危害与防控技术》一书，令人欣慰，可喜可贺。

从团水虱危害出现伊始，该团队就开始了跟踪调查并开展其生物学特征、暴发机制和防治技术研究，在团水虱危害机制与防控技术等方面取得了一系列研究成果。相信该书的出版，对于推动我国红树林团水虱灾害防控，以及红树林生态系统的保护修复具有重要指导意义。

张守功

中国工程院院士

2021 年 1 月 24 日

前　言

2010 年 8 月，《南国都市报》发表了标题为《只见树干，不见树叶，东寨港红树林成片枯死》的文章，引发主管部门、科技工作者和新闻媒体的极大关注及持续跟踪报道。海口市美兰区的主要领导亲临现场办公，并要求科研单位加强红树林死亡相关机制研究，尽快查明死亡原因，拯救东寨港日益衰退的红树林。

专家经过多次讨论，确认是海洋钻孔动物——团水虱种群（主要是有孔团水虱 Sphaeroma terebrans 和光背团水虱 Sphaeroma retrolaeve）暴发，大量蛀蚀红树植物树干基部（含根部）导致红树林死亡。管理部门立即采取了多项控制措施，如清理林内养鸭场，关闭上游养猪场和周边餐厅等污染源，同时采取清除腐木，用石灰泥涂抹树干，基部用泥包裹等防治措施。虽然取得一些成效，但团水虱扩散趋势仍在蔓延。有关科研院所、高校也开展了团水虱暴发规律和成因的研究工作，初步认为主要成因是在海湾环境退化的背景下，放养家鸭，排放虾塘有机污染物和消毒剂，以及人为捕获林区经济动物触发了自然生态系统崩溃。但这只是从大范围比较笼统的角度来解释，至于团水虱如何危害红树林，团水虱危害的生物生态学特性及其危害作用机制等科学问题仍然是空白，也导致了当时团水虱的治理及危害迹地恢复进展缓慢。

于是，国家有关部门纷纷资助了有关红树林团水虱危害防控技术及其相关机制的研究工作，本书正是于此时期（2012～2019 年）在科技部林业行业公益专项"红树林急速退化死亡的成因及恢复控制技术"（项目编号201504413）、国家自然科学基金项目"海南东寨港主要红树林群落退化机制的研究"（项目编号 41176084）和"团水虱灾害驱动的海南东寨港红树植物群落演替研究"（项目编号 31660126）、海南省林业局全球环境基金（GEF）子项目"红树林团水虱危害主导因子与防治方法研究"等项目资助下取得的科研成果；此外，国家自然科学基金项目（项目编号41676080）及科技部重点研发子课题（项目编号 2017YF0506103）资助了部分出版费用，亦包含了这些项目的部分成果。在此，对给予以上项目资助的单位和完成这些项目的相关人员及参与单位表示衷心的感谢！

本书初步揭示了团水虱对红树林的危害机制与生物生态学特性，探索了相应的科学对策，为减缓和控制东寨港红树林退化进程，保护及恢复红树林资源，以及海南红树林湿地的可持续发展提供了理论依据和管理对策，对我国众多红树林保护区乃至世界红树林的恢复、保护及管理具有重要指导意义和参考价值。

目前，在各方共同努力下，团水虱的危害基本得到了全面控制，破坏的红树林也正在恢复中，但红树林的保护与恢复工作仍然任重而道远。

由于撰写时间较紧迫，书中难免存在不足之处，敬请读者批评指正！

廖宝文

2020 年 8 月 20 日于广州

目　　录

Contents

第1章 中国红树林团水虱危害概况

1.1 红树林概述

1.1.1 红树林定义

根据生长习性和生长带的不同，红树林有各种各样的定义。有些学者认为红树林是潮汐森林（tidal forest）（Richards，1996），是自然分布于热带、亚热带海岸潮间带的木本群落（林鹏和傅勤，1995）。还有学者将红树林的分布局限于低纬度咸水的潮汐地区（王伯荪和彭少麟，1997）；或把在热带、亚热带地区，陆地与海洋交界的海岸潮间带滩涂上生长的由木本植物组成的乔木和灌木林统称为红树林（范航清，2000）；或把在热带与亚热带地区，海岸潮间带滩涂上生长的木本植物群落称为红树林（王文卿和王瑁，2007）；或根据红树林生长带与潮汐水位关系而将红树林定义为生长在热带、亚热带低能海岸平均海面稍上与回归潮平均高潮位（或大潮平均潮位）之间，受到海水周期性浸淹与周期性暴露，通常暴露时间较浸淹时间长的木本植物（张乔民等，1997）。

红树（mangrove）一词由生物学家 Bowman 于 1878 年首次使用（源于葡萄牙语 mangue 与西班牙语 mangle），是美洲印第安人泰诺语对红树植物染料称呼的音译。狭义或严谨的红树专指红树植物物种。关于红树植物的定义，仍存在不同程度的分歧。美国学者 Davis（1940）认为红树植物是生长在热带沿海潮间带泥泞及松软土地上所有植物的总称，它包括生长在潮间带的真红树林和既能生长在潮间带又能生长在岸边的半红树。印度洋和太平洋红树林研究者 MacNae（1968）及 Walsh（1970）则认为红树植物是只生长在热带海岸，介于最高潮线与平均潮线之间的乔木和灌木，而把既能生长在潮间带又能生长在岸边的"半红树"排除在红树植物之外。明显的分歧在于：前者认为红树植物是"所有植物的总称"，后者则认为是"乔木和灌木"；前者包括"半红树"，后者却把"半红树"排除在外。

我国学者一般认同红树植物仅指红树林内的木本植物，而不包括草本、藤本和附生植物（即不包括伴生植物类），并把红树植物区分为真红树（true mangrove）和半红树（semi-mangrove）（张宏达文集编辑组，1995；Chang，1993；王伯荪，1987，1990；郑德璋等，1995）。

在我国，红树林的定义多以林鹏院士的说法为准，即红树林是生长在热带、亚热带海岸潮间滩涂带木本植物群落的总称。

本书认为红树林是生长在热带、亚热带平均海平面以上的潮间滩涂上的特有绿色植物群落，为陆地向海洋过渡的一种独特森林生态系统，包括红树植物和半红树植物。

1.1.2 红树林植物组成

1.1.2.1 真红树植物

真红树植物是专一性地生长在热带、亚热带低能海洋潮间带的木本植物，真正的红树植物要求海水含盐浓度一般为 1～35（廖宝文等，2010）。真红树植物具有以下特征，即胎萌或胎生现象、特殊地表根系（如呼吸根、支柱根）、抗盐现象、高的细胞渗透压。我国真红树植物名录如表 1-1 所示。

表 1-1　中国真红树植物的种类及其分布（廖宝文和张乔民，2014）

科名	种名	海南	广东	广西	台湾	香港	澳门	福建	浙江
卤蕨科 Acrostichaceae	卤蕨 *Acrostichum aureum*	+	+	+	+	+	+		
	尖叶卤蕨 *A. speciosum*	+							
楝科 Meliaceae	木果楝 *Xylocarpus granatum*	+							
大戟科 Euphorbiaceae	海漆 *Excoecaria agallocha*	+	+	+	+	+			
海桑科 Sonneratiaceae	杯萼海桑 *Sonneratia alba*	+							
	海桑 *S. caseolares*	+	√						
	海南海桑 *S.×hainanensis*	+							
	卵叶海桑 *S. ovata*	+							
	拟海桑 *S.×gulngai*	+							
	无瓣海桑*S. apetala*	√	√	√				√	
红树科 Rhizophoraceae	木榄 *Bruguiera gymnorrhiza*	+	+	+	+			√	
	海莲 *B. sexangula*	+	√					√	
	尖瓣海莲 *B. s.* var. *rhymchopetala*	+	√					√	
	角果木 *Ceriops tagal*	+	+						
	秋茄 *Kandelia obovata*	+	+	+	+	+	+	+	√
	红树 *Rhizophora apiculata*	+							
	红海榄 *R. stylosa*	+	+	+	+			√	
使君子科 Combretaceae	红榄李 *Lumnitzera littorea*	+							
	榄李 *L. racemosa*	+	+	+	+	+		√	
	拉关木*Laguncularia racemosa*	√	√	√				√	
紫金牛科 Myrsinaceae	桐花树 *Aegiceras corniculatum*	+	+	+		+	+	+	
马鞭草科 Verbenaceae	白骨壤 *Avicennia marina*	+	+	+	+	+	+	+	

续表

科名	种名	海南	广东	广西	台湾	香港	澳门	福建	浙江
爵床科 Acanthaceae	小花老鼠簕 *Acanthus ebracteatus*	+	+	+					
	老鼠簕 *A. ilicifolius*	+	+	+		+	+	+	
茜草科 Rubiaceae	瓶花木 *Scyphiphora hydrophyllacea*	+							
棕榈科 Palmae	水椰 *Nypa fruticans*	+							
合计**		24	11	10	7	7	5	4	0

注: *指增加了已成功驯化引种的 2 种真红树植物; **指仅统计天然分布; +指天然分布; √指引种成功; 下面的表 1-2 标注相同

1.1.2.2 半红树植物

半红树植物是既能生长在热带、亚热带低能海岸大潮平均高潮位或中潮高潮位,又能生长在海岸边的两栖木本植物(廖宝文等,2010)。我国半红树植物名录如表 1-2 所示。

表 1-2 中国半红树植物的种类及其分布(廖宝文和张乔民,2014)

科名	种名	海南	广东	广西	台湾	香港	澳门	福建	浙江
莲叶桐科 Hernandiaceae	莲叶桐 *Hernandia nymphiifolia*	+							
豆科 Leguminosae	水黄皮 *Pongamia pinnata*	+	+	+	+	+			
锦葵科 Malvaceae	黄槿 *Hibiscus tilisceus*	+	+	+	+	+		+	
	杨叶肖槿 *Thespesia populnea*	+	+	+	+	+		√	
梧桐科 Sterculiaceae	银叶树 *Heritiera littoralis*	+	+	+	+	+		√	
千屈菜科 Lythraceae	水芫花 *Pemphis acidula*	+			+				
玉蕊科 Barringtoniaceae	玉蕊 *Barringtonia racemosa*	+			+			√	
夹竹桃科 Apocynaceae	海芒果 *Cerbera manghas*	+	+	+	+	+	+	√	
马鞭草科 Verbenaceae	苦郎树 *Clerodendrum inerme*	+	+	+	+	+	+	+	
	钝叶臭黄荆 *Premna obtusifolia*	+	+	+	+				
紫葳科 Bignoniaceae	海滨猫尾木 *Dolichandrone spathacea*	+	+						
菊科 Compositae	阔苞菊 *Pluchea indica*	+	+	+	+	+	+	+	
合计**		12	9	8	10	7	3	3	0

1.1.2.3 伴生植物

另外,还有一类重要海岸或海滨植物,即伴生植物(associated plant, concomitant plant)。伴生植物是指只能偶尔生长在回归潮平均高潮位及海岸边与半红树植物伴生的,并在海岸边占有绝对优势的木本植物,以及在潮间带生长的草本、藤本、附生和寄生植物(廖宝文等,2010)。

1.1.3 红树林生态系统及其主要功能

1.1.3.1 红树林生态系统结构与特点

红树林生态系统（mangrove ecosystem）是指热带、亚热带海岸潮间带的木本植物群落及其环境的总称。它是红树植物和半红树植物及少部分伴生植物与潮间带泥质海滩（稀有沙质或岩质海滩）的有机综合体系。作为生产者，红树林植物是该生态系统的主体，协同藻类源源不断地制造有机物质和能量并放出氧气以满足大多数生物的生命活动需要。细菌等微生物是分解者，把植物碎屑及其他生物有机体分解成营养物质，被藻类和浮游动物吸收。而这些浮游生物则成为底栖动物如鱼、虾、蟹、贝类等的饵料。水鸟和大型鱼类又以鱼、虾、蟹、贝类为食物，在这个系统中是第三级消费者，处于最高级的营养地位，在系统的物质循环和能量转换中起重要的调节作用。鸟类和大型鱼类则为人类所利用（包括食用、药用、美学、教育、科研等用途）（张宏达等，1998）。

红树林生态系统具有高生产力、高归还率、高分解率的特点。红树林的初级生产力远高于同纬度的陆地森林，甚至高于热带雨林。调查发现，河口海湾初级生产力是外海的 20 倍、普通海岸的 10 倍、上升流区的 3.3 倍，而红树林的初级生产力又是河口海湾最高的。红树林生态系统的凋落物产量亦很高，例如，我国东寨港 25 年生海莲林年凋落物达 12.55 t/hm²，大于西双版纳天然热带雨林的年凋落物（11.55 t/hm²）（郑德璋等，1999）。红树林群落净初级生产力的很大一部分（约 40%）通过凋落物的方式返回林地，而一般陆地森林凋落物占净初级生产力的比例不超过 25%。红树林区的高温、高湿、干湿交替的环境条件及潮水的反复冲击，创造了凋落物分解的最佳条件，枯枝落叶迅速分解成为有机碎屑及可溶性的有机物，为浮游生物、底栖生物提供饵料。凋落物半分解期甚至比热带雨林还短，由此红树林能够源源不断地为林区各类群消费者提供丰富的食物与营养。

1.1.3.2 红树林的主要功能

1. 消浪护岸效果明显

红树林被公认为"绿色的海岸卫士"，是海岸生态防护林的第一道屏障，在固堤消浪、抵御风暴潮、海啸等自然灾害方面作用巨大。据估算，我国红树林消浪护岸的效益每年达 10 亿元人民币（王文卿和王瑁，2007）。其消浪护岸功能是通过消浪、缓流、促淤、降低风速等作用实现的。波浪（主要指暴风浪）是破坏海岸及堤防的主要动力因素。一般来说，红树林宽度>100 m，覆盖度>0.4，高度>2.5 m（粤东、海南等小潮差海区）或>4.5 m（粤西、北部湾等大潮差海区），其消浪效果可达 80%以上。水流也是破坏海岸及堤防的另一重要因素。对红树林潮沟系统水动力学长期研究表明，红树林对水流的阻碍作用使林区流速仅为潮沟流速的 1/10（廖宝文等，2010）。另外，红树林具有促淤造陆功能，而滩地淤积可以达到巩固堤岸的效果。据野外试验，红树林滩地淤积速度为光滩的 2～3 倍（王宝灿，1985）。红树林可加速滩地淤高和向海伸展，促使小于 0.01 mm 粒径的沉积物含量增加，并以其枯枝落叶参与沉积（王文介等，1991）。

红树林的消浪护岸效果已为国内外实例所证实。例如，2003 年 7 月 24 日，台风"伊布都"横扫了广东省台山市，海水冲垮堤围、围坝，淹没村庄，损失 700 多亿元。台风过后调查发现，红树林具有强大的抵御风浪、保护堤坝的功能，其中有 4650 m 的堤坝，由于其堤外有红树林而均未冲毁，有效保护了该地段的农田、村庄和人民的生命与财产，而没有红树林保护的堤坝大都被冲毁。再如，在 2004 年底发生在印度洋的海啸灾害中，由于泰国拉廊（Ranong）红树林自然保护区的红树林面积较大，岸边的居民在这次海啸中安然无恙，相反，相邻没有红树林保护的岸边 70%居民遇难。事实证明，单纯的人工海堤的防护功能远差于海堤-红树林复合体系。而且据专家计算，建设红树林绿色海堤的投资仅为木石料建筑投资的 1/20。在海堤建设及维护过程中，恢复和保护红树林，构建生物措施和工程措施相结合的防护系统，将达到事半功倍的效果（王文卿和王瑁，2007）。

2. 净化环境污染效果显著

红树林生态系统是一个由红树林-细菌-藻类-浮游动物-鱼、虾、蟹、贝类等生物群落共同构成的兼有厌氧-需氧的多级净化系统。据研究，红树林年吸收 CO_2 4085 g/m^2（根据距厦门岛不到 10 km 的龙海区浮宫镇红树林计算），比一般的城市绿地高 4～5 倍。红树林能固定湿地系统中的氮［150～250 $kg/(hm^2 \cdot a)$］和磷［15～20 $kg/(hm^2 \cdot a)$］，让水体的富营养化得到缓解。红树林还可通过多种方式把大量重金属污染物吸收、累积于湿地系统中，从而对海湾河口生态系统的重金属污染起到净化作用。此外，被植物体所吸收的重金属主要分布于根、茎等动物不易啃食的部位，从而避免通过海产品传递给人类而影响人类的健康。红树林湿地还能将污水中的典型藻类"包陷"致死，从而缓解赤潮的发生。

3. 红树林生物资源丰富

红树林是生物多样性最丰富的生态系统之一（范航清，1995）。目前，中国红树林湿地共记录生物 2854 种，其单位面积的物种丰富度是海洋平均水平的 1766 倍（赖廷和和何斌源，2007）。红树林特殊的生境蕴藏着独特的生物多样性，许多生物种类是红树林所特有的，如真红树植物、海蛙等（王文卿和王瑁，2007）。红树林区还保持了较高的鸟类物种多样性。红树林区广阔的滩涂和丰富的食物、隐蔽的环境，不仅为各种海鸟提供了觅食、栖息、繁殖的场所，还成为国际候鸟的越冬场所和迁徙中转站。深圳福田红树林区面积仅 300 余公顷，每年有超过 10万只候鸟在此停歇越冬，尤其近年来已成为黑脸琵鹭的主要越冬栖息地。我国的红树植物中有许多珍稀濒危物种，如水椰、红榄李、海南海桑等。

4. 红树林是人类的天然宝库

除了生态效益和社会效益，红树林还具有直接的经济效益。其传统利用方式包括提供薪柴、食物（海产品）、药物、饲料、肥料、化工原料（如单宁）等。大多数红树植物具有特殊的经济利用价值，例如，海桑、桐花树等是造纸原料，海莲、角果木、秋茄等富含单宁，可提取化工原料，而老鼠簕、白骨壤、银叶树等具有药用价值。

红树林生态系统可为各类海洋动物（包括许多经济鱼虾类）提供索饵场、栖息地和孵化所。以马来西亚为例，据估计有31%的渔业（约20万 t）与红树林生态系统有关。红树林区内鱼、虾、蟹、贝类资源丰富，对建设蓝色海洋"菜篮子"工程及提高海岸居民的生活水平具有推动作用。

5. 红树林是生态旅游和科普教育的理想场所

红树林区拥有海陆交汇的优越地理位置，奇根、异果、绿叶与碧海蓝天交相辉映，构成独特的自然景观。红树林与栖息其中的鸟类、爬行类、底栖生物、浮游生物浑然一体，其生物多样性可与热带雨林相媲美（张宏达等，1998），是人们休闲娱乐的好去处，也是开展学习海岸地貌、海洋生物学、湿地植物学和海岸居民生活文化等科普活动的好场所。将旅游开发和科普教育相结合，是保护和利用红树林的有效形式。广州南沙红树林湿地公园是我国著名的红树林旅游景区，面积约 200 hm^2，自 2005 年开放以来，每年接待 20 余万名观光旅游者和来自 30 余个国家的科学考察团，为当地带来显著的经济效益。

1.2　中国红树林团水虱危害及其研究概况

团水虱（*Sphaeroma* sp.）因身体遇到外界刺激时会立即蜷缩成球形而得名，具有较为复杂的消化习性（胡亚强等，2016）。但一般认为团水虱主要以浮游生物为食（杨明柳等，2018），且作为节肢动物群落，其营养级结构会随着植物多样性的增加而更加稳固（Haddad et al.，2009，2011；Cook-Patton et al.，2011）。团水虱被认为是破坏沿海红树林的钻孔动物（Ellison et al.，1996），其分布范围很广，从非洲到东南亚和澳大利亚，从南美洲到地中海均有天然分布（Han et al.，

2018；Harrison and Holdich，1984；Baratti et al.，2005）。团水虱由于能够钻入海洋船舶及漂浮的浮木之中并随之扩散（Kussakin and Malyutina，1993；Baratti et al.，2011），近些年来随着运输业的迅速发展，其分布范围已大大扩展（Marchini et al.，2018）。

团水虱常见于红树林生态系统中，但是当团水虱的种群数量超出了一定阈值，就会导致生态系统失去平衡，形成虫害（付小勇等，2012）。本节从当前中国团水虱研究出发，综述了我国一些关键性的研究成果，主要包括团水虱的生物学特性、对我国红树林生态环境的危害、危害规律、暴发原因，以期为防止团水虱危害进一步扩大起到一定指导作用。

1.2.1　中国团水虱分布

团水虱多为广布种，在我国的海南、广东、福建及长江河口等区域均有分布（周时强等，1986；梁晓莉，2017；蔡如星等，1962；刘瑞玉，2008）。Tattersall（1921）在中国黄浦江及受潮汐影响的下游地区，发现并记录了中华著名团水虱。黄戚民等（1996）在福建沿海发现包括光背团水虱（*S. retrolaeve*）在内的 5 种钻孔动物。于海燕等（2003）在中国沿海水域分检出团水虱科 12 种，分别隶属于 8 属，包括有孔团水虱（*S. terebrans*）、光背团水虱、三口团水虱（*S. triste*）等。刘文亮和何文珊（2007）曾鉴定长江河口著名团水虱属物种为雷伊著名团水虱。Astudillo 等（2014）调查结果认为瓦氏团水虱为非香港本地海洋物种，其早在 1980 年就已经在香港存在。李云等（1997）和范航清等（2014）的研究发现，危害海南东寨港的团水虱为有孔团水虱和光背团水虱。

目前研究发现，对我国红树林造成破坏的主要是有孔团水虱和光背团水虱，其中有孔团水虱的破坏性更强（Li et al.，2016）。

1.2.2　团水虱的生物学特征

1.2.2.1　团水虱的形态特征

团水虱属身体可分为头部、胸节和腹节 3 个部分，其物种之间显著性差异主要体现在 3 方面：①胸节的突起；②腹尾节末端的形状；③尾节的外肢锯齿数目。以无雄性腹足而明显区别于其他种类的有孔团水虱和光背团水虱为例做如下介绍。

有孔团水虱：第 5～7 胸节各有 4 个突起。腹尾节基部具有多个突起；末端稍突起。尾节两个外肢的外缘各具 4 个锯齿。

光背团水虱：胸节无突起。腹尾节具有两排突起，第 1 排为 4 个突起，第 2

排为 2 个小突起；末端平直。尾节外肢外缘具有 4 个锯齿，并具有刚毛（李秀锋，2017）。

1.2.2.2　团水虱的生殖习性

虽然团水虱的生殖活动在一整年都能够被观察到，但其生育活性高峰期是在秋季和晚春/初夏（Thiel，1999）。团水虱的繁殖属于有性繁殖，雄性团水虱将精子释放到水中，通过腹足跳动产生的水流将精子送入雌性腹部（Messana，2004）。雌性团水虱的胸部有育儿袋（Charmantier and Charmantierdaures，1994），受精卵直接在育儿袋里发育成胚胎，之后生存能力较弱的幼虫会在母体的洞穴中待上 40 d 左右，这一习性显著地提高了幼体的存活率（Messana et al.，1994；刘文爱等，2020）。

1.2.2.3　团水虱的蛀洞行为习性

团水虱具有蛀木习性，能够在木质甚至非木质材料中生存（李丽凤，2014；Yang et al.，2019）。在红树植物上蛀洞时，团水虱主要是在呼吸根及距沉积物 0～30 cm 的根茎处生活，特别是在 10～20 cm 的位置（徐蒂等，2014）。但团水虱并不摄取根部物质，其是为保护自己和滤食而创造洞穴（John，1971；Davidson，2008；Brooks et al.，2004）。同时，蛀洞也可以为其他生物提供食物碎屑和庇护场所，从而使红树植物成为一个独特的栖息地（Palma and Santhakumaran，2014）。

1.2.2.4　团水虱的捕食特性

团水虱是凭借快速扇动腹足的动作加速水流，再通过步足和口器的配合来完成摄食活动的。因此，团水虱的口器大小，可能是决定团水虱对不同粒径级别浮游生物进行选择性摄食的一个重要因素。例如，幼体阶段的团水虱，需要借助母体的帮助来摄食粒径较小的食物，而性成熟后的团水虱会通过摄入小型浮游动物来保证正常的生长繁殖（杨明柳等，2018）。

1.2.3　团水虱对我国红树林的危害

团水虱的蛀洞行为会对红树林造成危害，并潜在地限制红树林的向海范围（Silliman et al.，2013）：蛀洞会减少红树植物根系的形成，加快根系萎缩，使红树植物营养元素或水分吸收受阻（Perry and Brusca，1989；Brooks and Bell，2002）。经研究证实，当红树林受到团水虱的攻击，其树干基部和呼吸根遍布密集孔洞，根系结构遭到破坏，气生根的生长速度会减缓，气生根达到沉积物表面所需的时间会大幅度增加。而根部接触沉积物时间的增加，会减弱根部结构支撑和提供营养物质的能力（Talley et al.，2001），当遭受高强度的等足目动物攻击时会进一步导致根部萎缩和破损（Perry and Brusca，1989）。由于支柱根遭受到了严重的破坏，因此受害植株在风浪冲击下极易倒伏死亡。植株倒伏后，原本聚集在红树中的团水虱会借助水流扩散到周边其他红树林中，继续营穴居生活，进一步扩大危害面积（邱勇等，2013）。

受团水虱危害影响，2012 年广西廉州湾红树林死亡面积约为 0.80 hm²（李丽凤和刘文爱，2018）；2013 年广西北海市草头村受破坏的红树林面积约为 1.00 hm²，死亡面积为 0.27 hm²，死亡红树 352 株；北海银滩遭受团水虱破坏的红树面积约为 1.33 hm²，死亡面积为 0.23 hm²，死亡红树 329 株（杨玉楠等，2018）。在东寨港木榄群落调查中发现，植株呼吸根及基干部因受团水虱蛀蚀而形成了海绵状的密集蛀洞，平均每株可达 618 孔（管伟等，2019a，2019b）。

1.2.4 团水虱危害暴发规律

1.2.4.1 团水虱危害暴发与红树植物退化间规律

研究表明，健康状态下的红树植物在遭到虫害的侵袭时，会在体内合成更多单宁，当单宁与害虫的唾液蛋白及消化酶结合后，就会使害虫的消化酶失活，从而起到抵抗虫害的目的（Chappell and Hahlbrock，1984；杨世勇等，2013）。然而，当红树植物退化时，体内便无法合成更多的单宁，导致植株无法有效地抵抗团水虱的侵袭（Thiel，2000）。

王荣丽等（2017）研究发现，在东寨港内团水虱的主要攻击对象是处于地带性演替后期的成熟林，结合孙艳伟等（2015）关于海南东寨港区域内团水虱危害存在"种群选择性"的结论，可知团水虱在蛀洞时往往会偏向于选择质地松软、密度低的底质（Lee Wilkinson，2004；Brooks and Bell，2001）。陈颖等（2019）对此做出猜想，团水虱会选择处于不健康状态的树种进行侵蚀。

1.2.4.2 团水虱危害暴发与水体污染间规律

根据杨玉楠等（2020）湿地污染检测调查发现，2013 年是东寨港 2013～2017 年中水体污染最严重、水体富营养化程度最高的一年，同时也是团水虱危害最严重的一年。结合邱勇等（2013）的研究［即水体中总磷（TP）、总氮（TN）及浮游生物量才是能够对团水虱分布产生影响的主要因素］，以及李英卓（2018）的研究（即团水虱生长发育会受到浮游植物、悬浮物及叶绿素 a 数值变动的影响），说明团水虱的暴发跟水体污染状况有密切的联系，即水质污染的加剧会导致水体富营养化，致使浮游生物大量繁殖，为团水虱提供充足的食物来源，最终导致团水虱危害暴发（丁冬静等，2016）。

1.2.4.3 团水虱危害暴发与淹水时长间规律

国内相关研究发现，团水虱主要分布于中、低潮区域，其次在高潮区也有一定分布，其中所处区域淹水时间较长的红树植物更容易遭受团水虱破坏（Svavarsson et al.，2002）。例如，海南东寨港受害的红树林大多分布在河道或细小潮沟旁（高春等，2016）；广西北海市草头村受害的红树林也生长在潮沟边（养殖污水排放口）；而北海银滩的受害红树林虽然位于海向林缘，但邻近于间歇性小河口（范航清等，2014）。其原因在于：①环境质量的下降及淹水胁迫的增强，会降低红树植物的光合作用和健康状态，导致团水虱的侵蚀效率增高；②团水虱的滤食及交配都需要借助水流，淹水时间的增长一方面增加了团水虱的滤食时间，另一方面可能为团水虱提供了更多的交配机会，导致团水虱的数量增加；③相比于平坦地区，污染物在低洼、潮沟及河流转弯等区域更容易滞留堆积。而污染物的积累增长，不仅会导致红树植物因环境条件下降而退化，还使得水体富营养化程度加深，促使浮游生物量增多，导致团水虱迅速繁殖（肖春霖，2018）。

1.2.5 团水虱暴发原因

1.2.5.1 污水的直接排放

天然水本身是比较平衡的生态系统，在天然水食物链中，水生动物、水生微生物及水生植物一直存在着一种相互维持和相互牵制的关系。而将虾塘污水及海岸垃圾积水直接排入水体，会使水体污染加剧，最终引发团水虱数量剧增。同时水中的鱼类、蟹类、虾类等也会因水体污染而死亡，在为团水虱提供更多食物来源的同时，降低团水虱的天敌数量，为团水虱提供良好的生存环境（林华文和林卫海，2013）。加之虾塘废水的排放，会冲刷红树林表层，从而导致沉积区域的形成，使该区域的淹水时间增长，促进团水虱虫口密度的增加（陈颖等，2019）。

1.2.5.2 咸水鸭的过度养殖

咸水鸭的排泄物排入水体是导致水体富营养化的原因之一。此外，咸水鸭在活动时会造成红树林表层沉积物松动，使红树植物局部生长环境产生变化，从而导致红树植物退化，抵抗能力下降（王荣丽等，2015）。同时，咸水鸭对红树林底栖生物的大量捕食，会减少团水虱的竞争对手及天敌（吴瑞和王道儒，2013）。以上诸多因素形成恶性循环，最终导致团水虱暴发。

1.2.5.3 过度捕捞

红树林素有"天然养殖场"之称。林区的鱼、虾、蟹类因具有一定经济价值而被过度捕捞。捕捞活动在减少团水虱天敌的同时，也对红树林生态系统造成了破坏，使得红树林不断退化（辛琨和黄星，2009）。

1.2.6　团水虱的天敌生物

某些海绵和海鞘对有孔团水虱来说是有毒生物。许多海绵（包括苔海绵和蜂海绵）和一些海鞘能够产生多种结构防御系统（Meylan，1988）和化感物质（Bakus and Green，1974；Jackson and Buss，1975；Bakus，1981；Russell，1984），这些化感物质对有孔团水虱等多种海洋生物都具有较强毒性。如果等足目动物无法穿透这类体表寄生生物，或者体表寄生生物使红树林根部隐藏起来，那么这些海绵和海鞘类就可作为物理屏障来阻止等足目动物的定殖。相比于未被附着的双壳贝类，被海绵和海鞘覆盖的牡蛎（Feifarek，1987）和蛤蛎（Vance，1978）很少被捕食，因此海绵和海鞘有助于寄主的隐蔽。

常见的具壳表栖生物能够阻止等足目甲壳动物危害大西洋西侧红树林幼根。当表栖生物或天敌丰富度不高时，等足目动物会严重危害红树林根系。在伯利兹南部沿岸河口处，有孔团水虱对红树林气生根的破坏约达到 100%（Ellison and Farnsworth，1990）。这些河口的红树林里缺乏浅海底栖动物，等足目动物的天敌鲜少。表栖生物与滤食动物之间复杂的相互作用关系也成为红树林生态系统结构持久性的重要决定因素。

在团水虱危害程度不同的红树林中，支柱根上的污损生物无明显差异，且在其他生物附着或危害后，团水虱可以迅速地在新根上定殖（Brooks and Bell，2001）。有学者建议采用牡蛎、藤壶阻止等足目动物的定殖（Conover and Reid，1975），但牡蛎、藤壶同时也会对根系造成损伤（Estevez，1978）。

Perry（1988）发现，腹足类如蟹守螺（*Cerithium* sp.）、波褶岩螺（*Thaisella osquiformis*）和寄居蟹（*Clibanarius lineatus*）均可捕食有孔团水虱，能够减少后者对红树林 0～75 cm 高度的根系侵袭。

鱼类一般不捕食蛀孔中的团水虱，但能取食游泳中或停留在蛀孔外的团水虱；生活在红树树干基部孔洞或缝隙中的鳚鱼有较大机会捕食团水虱；取食试验证实栖息在红树林里的底栖鱼类中华乌塘鳢（*Bostrychus sinensis*）能够取食团水虱（范航清等，2014）。另外，我们在红树林潮沟里的虾虎鱼肠道中也发现了团水虱。

研究人员还提出了利用食肉海葵捕食有孔团水虱来防止其侵袭红树林根系的假设（Ellison and Farnsworth，1990）。然而，该团队在海葵的肠道中并未发现有孔团水虱的残体，并且在控制投喂试验中海葵拒食团水虱。因此食肉海葵无法防止红树林根系受有孔团水虱的侵袭。

捕食行为虽然可以影响物种的分布,但不同于红树林根系体表的污损生物(如藤壶和腹足类),有孔团水虱居住在洞穴中,且不存在易受攻击的浮游阶段,只在掘洞前期才易被捕食,这大大减少了暴露给捕食者的概率。仅一个潮汐周期,有孔团水虱就可挖出一个较深的洞穴,在此过程中仅其背部暴露于外(Brooks and Bell,2001)。到目前为止,还没有文献记录有以有孔团水虱为主要食物的专一捕食者,因而捕食压力的重要性仍受到质疑(Brooks and Bell,2001)。

第 2 章　团水虱生物生态学特性

团水虱是全球热带、亚热带滨海湿地生态系统的组成成分之一，其钻孔过程在红树林的食物链中发挥了重要作用，可为其他生物提供食物碎屑，废弃的孔洞可为其他生物提供栖息场所而使红树林成为一个独特的栖息地（Palma et al.，2014；付小勇等，2012）。在中国的红树林生态系统中，记录有 2854 种生物。当昆虫和等足目动物的生存与暴发超出了生态平衡，它们就会成为害虫，从而损害红树林植物的健康，并最终导致红树死亡（付小勇等，2012）。

2.1　危害我国红树林的团水虱的生物学特性

2.1.1　团水虱在海洋红树林中的种类与分布

Kussakin 和 Malyutina（1993）基于 1958～1990 年从中国南部的潮间带（包括海南岛和香港鹤咀的一小部分）、爪哇、东京湾及芽庄省（越南东南部）的沿岸地带的调查，发现了 35 种团水虱。瓦氏团水虱（*Sphaeroma walkeri*）和有孔团水虱（*Sphaeroma terebrans*）是广泛分布于太平洋、印度洋和大西洋环热带-亚热带海区的两个物种，推测它们是通过海洋船舶运输而分布于这 3 个海域。于海燕等（2003）在中国沿海水域发现了团水虱科 8 属 12 种动物，包括光背团水虱、有孔团水虱、三口团水虱、瓦氏团水虱等。其中有孔团水虱和三口团水虱是首次记录。

Li 等（2016）从海南、广西、广东和澳门的红树林采集了有孔团水虱标本（图 2-1，图 2-2），利用形态特征和线粒体细胞色素 c 氧化酶亚基 I（CO I）基因的 DNA 序列对团水虱进行鉴定，结果表明，中国红树林中发现的团水虱主要种类为有孔团水虱和光背团水虱，而对红树林造成严重危害的是有孔团水虱。根据全球入侵物种数据库（GISD），光背团水虱是中国发现的入侵物种之一，大多数中国学者认为有孔团水虱也是中国的入侵物种，但这需要进一步的研究（徐蒂等，2014；范航清等，2014）。

2.1.2　红树林生态系统中团水虱的生物学特性

团水虱分布范围很广，从非洲到东南亚和澳大利亚，从南美洲到地中海均有

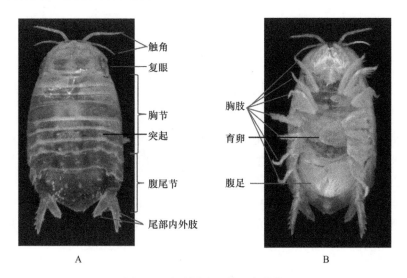

图 2-1　有孔团水虱的形态结构

A. 样品的背部视图；B. 样品的腹部视图

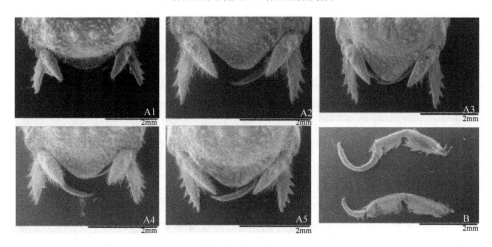

图 2-2　区分有孔团水虱的形态特征

A1～A5 是具有不同齿数的尾节外肢，B 是具有不同长节的第七胸肢

天然分布（Charmantier and Charmantierdaures，1994；Santhakumaran et al.，1996；Si et al.，2002；Lee Wilkinson，2004；Harrison and Holdich，1984；Baratti et al.，2005；Brooks and Bell，2005）。团水虱很容易在木质材料中生存，包括树桩、护板、隔板、船体和其他板材，甚至可存在于非木质材料如绳索、地毯、软岩、盐沼浅滩和泡沫塑料中。而在河口潮间带和半咸水沼泽中，团水虱尤其喜欢在红树植物气生根中钻孔（Charmantier and Charmantierdaures，1994；Palma and Santhakumaran，2014）。中国目前共记录 4 种团水虱，分别是有孔团水虱、瓦氏

团水虱、三口团水虱和光背团水虱（于海燕和李新正，2003；Li et al.，2016）。在这 4 种团水虱中，有孔团水虱通常被公认为是咸热带水域中最常见和最具破坏性的蛀木等足目甲壳动物，并已对红树和其他树木造成严重的破坏；另一种光背团水虱也是造成红树林被破坏的重要原因（Li et al.，2016；Harrison and Holdich，1984；Baratti et al.，2005；Messana et al.，1994；Rehm and Humm，1973；Svavarsson et al.，2002；Thiel，2001；Brooks，2004）。有孔团水虱由于对红树林破坏严重，成为红树林领域的一个研究热点（Charmantier and Charmantierdaures，1994；Santhakumaran，1996；Palma and Santhakumaran，2014；Rehm and Humm，1973；Svavarsson et al.，2002；Brooks，2004；Messana，2004）。

2.1.2.1　有孔团水虱的形态特征

红树林中等足目动物——有孔团水虱区别于其他种类团水虱的最主要特征是它的身体通常蜷缩成球状（团聚）（Brooks and Bell，2001）。团水虱科动物依据其背后尾部大结节的位置、数目及尾部的尾节和口上板的形状进行分类（图 2-3）。每个物种的大结节都明显不同（Pillai，1965），可以通过大结节的数量和排列方式，以及在尾节外肢锯齿的数量、突起的形状，刚毛的分布和第二、第七步足的长度（图 2-3）来鉴别团水虱（Li et al.，2016；Harrison and Holdich，1984）。不同的团水虱种类体长的变化范围为 4～15 mm。有孔团水虱通常雌性比雄性大，成年雌性的平均长度为 8～10 mm，雄性的平均长度为 6.5～8.5 mm（Palma and Santhakumaran，2014；Thiel，2001；Ribi，1982）。

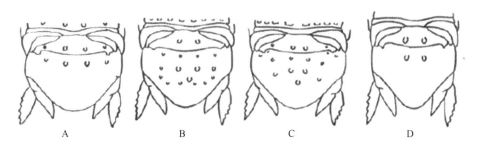

图 2-3　不同种团水虱结节在尾部的排列示意图

A. 有孔团水虱（*S. terebrans*）；B. 安氏团水虱（*S. annandalei*）；C. *S. annandalei travancorensis*；D. 三口团水虱（*S. triste*）

2.1.2.2　生命周期

热带地区团水虱的寿命大约是 0.8 年，远远低于温带地区其他等足目动物的寿命（Thiel，2001）。欧洲西北部的团水虱 *S. serratum* 的寿命长达 2 年，*S. rugicauda* 的寿命为 1.5 年（Harvey，1969），欧洲北部的团水虱 *S. hookeri* 的寿命也为 1.5 年（Thiel，2001）。团水虱胚胎和幼体的发育相对较慢，需要相对长的时间才能达到性成熟（Thiel，2001；Borowsky，1996）。另外，团水虱的繁殖属于有性繁殖，繁殖过程发生在木质孔洞内，在孔洞内完成交配、产卵和幼体的生长。有孔团水虱存在非常独特的交配方式（Messana，2004）（图 2-4），雄性团水虱可以在交配前长时间地守候在洞外，雄性团水虱释放精子进入雌性腹足跳动产生的水流中，精子随着水流进入洞穴直到完全进入雌性腹部。雌性团水虱的胸部有育儿袋，在育儿袋充分发育后，雌性团水虱开始产卵，每次抱卵数为 5~26 个，受精卵在育儿袋内直接发育成胚胎，胚胎发育成幼体后离开母体（Palma and Santhakumaran，2014；Thiel，2001）。对于有孔团水虱来说，当体长达到约 3.5 mm 的时候就容易区分幼体的性别，一般雌性比雄性大 1~2 mm（Palma and Santhakumaran，2014）。

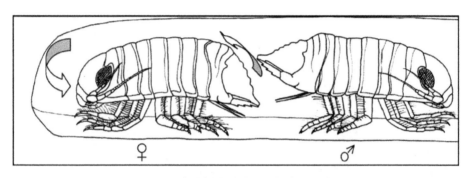

图 2-4　有孔团水虱的非常规交配方式
雄性团水虱抬起尾部释放精子（在一个精囊中）到水流中

　　由于雌性团水虱产卵在全年均可发生，因此有孔团水虱似乎在不停地繁殖，但繁殖高峰一般是秋季和春末夏初（Harvey，1969）。有孔团水虱性成熟早，一月龄的个体即可繁殖后代（Palma and Santhakumaran，2014；Svavarsson et al.，2002；Harvey，1969）。第二次产卵通常发生在第一次产卵的 3~8 个月后或更长时间，雌性有孔团水虱通常在第二次产卵之后就会死亡。北温带的许多钻木团水虱如 *S. rugicauda* 和 *Dynamene bidentata* 一生中只繁殖一次（Thiel，2001；Borowsky，1996）。雄性团水虱不会照顾幼体，交配后即离开，而雌性团水虱通常会照顾幼体相当长的一段时间，在此期间，幼体的体型不会长大。有孔团水虱的成体可以帮助幼体避免被捕食，洞穴的物理环境也可有利于幼体的生存（Baratti et al.，2005）。雌性团水虱长期待在洞中，用它的尾节堵住入口，用腹足控制水流并为洞内充氧及提供食物。因此，雌性团水虱的保护行为对后代的存活来说至关重要，其有助于幼体团水虱克服潮间带的恶劣环境（Baratti et al.，2005；Thiel，2001；Messana，2004）。由于有较好的亲代抚育行为，团水虱幼体死亡率较低（Thiel，2001）。

2.1.2.3 钻木行为

团水虱在木材或其他材料中钻出垂直于表面直径 8～10 mm、深为 20～40 mm 的圆柱形洞穴。洞穴的大小取决于团水虱体型的大小（Charmantier and Charmantierdaures，1994；Palma and Santhakumaran，2014；Thiel，2001）。在团水虱密度高的林木或红树林根中，洞穴有时相邻，但通常彼此是分开的。有孔团水虱通过下颌骨的开关、头部和两个胸节像耙子一样来回翻转，并通过腹部和腹足的上下扇动形成气流吹走木头碎片和一些空气泡。团水虱的钻木活动主要包括挖掘、通风、清洁和滤除碎木屑（Palma and Santhakumaran，2014；Baratti et al.，2005）。

大多数接近成年的等足目动物会独自待在洞穴中，成年的雌性和雄性成对地生活在一个洞穴内。雌性团水虱把后代产在洞穴的底部，母本的头朝向幼体，尾部朝着洞口，幼体通常聚集在洞穴的底部。当雄性团水虱在洞穴中时，它们总是位于雌性团水虱的后面并且最靠近洞穴的出口。未成年的有孔团水虱从育儿袋孵化后会留在洞穴内长达 40 d，然后幼体开始向外挖洞，有些会离开出生的洞穴，并在靠近出生洞穴的地方建立自己的洞穴。未成年团水虱在亲代洞穴的底部开始钻挖自己的洞穴，有时在亲代洞穴的分支洞穴内可以发现一些个体较大的未成年团水虱（体长 3～5 mm）（Thiel，1999）。未成年团水虱需要几天的时间才能建成一个洞穴，而体型小的成虫可以在 48 h 内建造一个新的洞穴（Thiel，2001）。有研究表明，成虫可连续 24 h 工作，在几天之内就可以建造一个空间很大的洞穴（Rehm and Humm，1973）。这种洞穴可以用作避难所来保护团水虱以避免非生物因素（暴露、干燥）和生物因素的干扰、过滤食物（悬浮泥沙、藻类和细菌），以及保证产卵期间的安全（Charmantier and Charmantierdaures，1994；Baratti et al.，2005；Brooks，2004；Thiel，1999；Si et al.，2002；Rotramel，1975）。

2.1.2.4 捕食活动

虽然团水虱破坏各种木材，但团水虱并不是把木材作为其食物来源，只是在树上挖洞作为它们的避难所（Charmantier and Charmantierdaures，1994）。团水虱可能是食腐动物（从腐烂的植物和动物尸体上获得营养）、食浮游生物动物（取食浮游生物）、滤食动物、食草动物（取食生长在团水虱钻挖的洞穴壁上的附生藻类）中的一种。但更多的人认为它们滤食水中的颗粒有机物和浮游生物（Charmantier and Charmantierdaures，1994；Svavarsson et al.，2002；Si et al.，2002；Rotramel，1975）。Rotramel（1975）的研究结果表明，团水虱 S. quoyanum 主要使用前 3 对触角上的绒毛来过滤食物，在洞穴内通过腹足的搅动聚集颗粒。通过前 3 对触角上的绒毛即可滤除颗粒材料，如泥沙、微藻类和水中的细菌。Si 等（2002）研究了有孔团水虱的口器和肠道的形态，以确认其过滤捕食方式。Rotramel（1975）研究发现，具有这种绒毛的团水虱可以区别于以钻挖树木作为主要食物来源的船蛆（*Limnoria* spp.），而归类为过滤捕食性动物。Messana（2004）和 Menzies（1959）发现有孔团水虱的口器结构明显不同于船蛆的口器结构，有孔团水虱腹足上的刚毛短而坚硬，木屑随着团水虱腹足搅动而产生的水流喷射而出，而下颌骨在滤食的过程中保持不动，只在挖洞或者钻孔过程中使用；而船蛆的下颌有尖角，右腹足有齿状边缘，左腹足具有齿状浅表面。这种结构使动物能够摄入足够小的木屑，而且其下颌骨上钝的门牙也拥有同样的作用（Messana，2004；Menzies，1959）。团水虱过滤水体中悬浮颗粒的方法类似于 Labarbera（1984）提出的"气溶胶过滤假设机制"，其中宽范围尺寸的颗粒可以被过滤装置有效地捕获。胸足上的过滤刚毛很适于捕获尺寸小于 5 μm 的颗粒状食物，几种藻类刚好在这一尺寸范围内，从而成为有孔团水虱的主要食物来源（Si et al.，2002；Rotramel，1975）。除了体型较大的浮游植物（20~200 μm），体型较小的浮游生物（2~20 μm）也可以成为有孔团水虱的食物来源。瓦氏团水虱的腿和颚足上也有毛刷状绒毛，这表明它也是滤食性动物。因此，团水虱存在滤食性和其他食性多种捕食类型（Charmantier and Charmantierdaures，1994；Si et al.，2002；Rotramel，1975）。

2.2　红树林团水虱暴发的可能诱因

从分类学上看，由于红树林属于耐盐树种，红树也被称为盐生植物，即适于潮湿、盐水栖息地的植物（MacNae，1968；Cheng and Hogarth，1999；Kathiresan and Bingham，2001；Ellison，2000；Duke，1992；Ellison，1991）。红树林所处的陆地与海洋过渡带是热带、亚热带海岸带的生态关键区，也是海岸带生态脆弱最敏感的区域。其具有防汛、消浪、防风暴、护堤等功能，是不可替代的首道沿海绿色屏障（Kathiresan and Bingham，2001；Ellison，2000）。红树林独特的生态环境也为各种生物提供了栖息和繁殖场所，其中许多是濒危和受保护的物种。

过去红树林通常被认为只是传播疾病的泥泞荒地，其生态价值被严重低估，因而导致全球的红树林以惊人的速度被破坏。而实际情况是人类高度依赖红树林生态系统提供的服务，红树林一旦发生退化，生活在海岸线附近的居民将面临诸多困境（Bochove et al.，2014）。近几十年来由于人类的活动，几乎所有的红树林都遭受了严重的损失（Alongi，2002）。红树林被各种产业征用，包括农业用地如稻田、生物燃料植物种植地、城市和住宅用地开发、水产养殖如养虾塘，其中盐场和森林资源的过度开发是人类对红树林资源最主要的破坏与威胁。另外，海上溢油、石油生产，家庭和工业废水的重金属污染，富营养化，农药、农业和城市径流流入红树林的有毒化学物质，淡水引水灌溉和土地复垦等均对红树林产生了严重而广泛的负面影响（Kathiresan and Bingham，2001；Bochove et al.，2014；Mcleod and Salm，2006；Valiela et al.，2001）。同时，全球气候变化是除这些人为威胁之外，红树林面临的第二大威胁。海平面上升、温度升高和 CO_2 浓度增加、降水模式的改变，以及由于气候变化增加了强度和频率的风暴都威胁到了红树林生态系统（Mcleod and Salm，2006；Valiela et al.，2001；Ellison，1993；Field，1995）。据预测，到 2100 年将会有 10%～15%的红树林因为气候变化而消失（Bochove et al.，2014）。

我国红树林面积亦急剧下降，从 20 世纪 50 年代至 20 世纪 90 年代初面积锐减 68.7%。在过去的近 50 年里，我国主要红树林区——海南东寨港有近 50%的天然红树林被毁掉。尤其近几年，海南东寨港国家级自然保护区内红树林陆续成片死亡，广西北部湾红树林大量枯黄濒死的趋势仍在扩大。这些衰亡群落多数发现在地势低洼，且有团水虱破坏和穴居活动的地方。同时还存在着团水虱大量钻凿红树林根部的现象，如在木榄（*Bruguiera gymnorrhiza*）群落中，团水虱集中危害板状根，形成密集孔洞，使红树植物的根系受到损伤，造成整片林木枯萎。在风浪的冲击下，受害红树植株根茎处由于木质部被蛀空、蛀断而倒伏死亡。鉴于团水虱的破坏活动对红树林生态系统的恢复具有很大的负面影响，因此，了解导致红树林团水虱暴发的可能因素是非常重要的（杨玉楠等，2020）。

2.2.1　团水虱导致我国红树林生态系统退化的现状

在过去的 15 年中，中国有 7 个区域的不同种属的害虫在不同的季节侵害了不同种类的红树植物，虫害暴发的频率和面积逐年增加，这些病害的产生原因主要是沿海环境的退化（Bochove et al.，2014）。徐蒂等（2014）研究了海南岛东寨港红树林的退化和死亡情况，发现海南岛红树林退化的主要原因是团水虱的暴发，破坏的位置主要分布在红树支柱根距地面 0～30 cm 处，特别是在 10～20 cm 的位置；团水虱的数量密度为 2.94 个/cm^2，钻孔破坏的面积占总面积的 23.93%。范航清等（2014）也报道了破坏海南和广西红树林的是两种钻木等足目团水虱，分别是有孔团水虱和光背团水虱。在海南东寨港，红树林的破坏面积 2010～2013 年平均每年增加 66.4%。2013 年海南东寨港国家级自然保护区红树林面积为 2065 hm^2，其中红树林团水虱危害面积达 33.3 hm^2，死亡面积为 5.39 hm^2，11.4 万株红树消失。在广西北海市草头村遭受有孔团水虱破坏的红树林面积为 1 hm^2，死亡面积为 0.27 hm^2，红树死亡 352 株；北海银滩受团水虱破坏的红树林面积为 1.33 hm^2，死亡面积为 0.23 hm^2，红树死亡 329 株（范航清等，2014）。Li 等（2016）从海南、广西、广东、深圳和澳门的红树林采集了团水虱，利用形态特征和线粒体细胞色素 c 氧化酶亚基Ⅰ（CO I）基因的 DNA 序列对团水虱进行鉴定，鉴定结果为在中国红树林中发现的团水虱是有孔团水虱和光背团水虱，并且在中国红树林中为害严重的是有孔团水虱。

对 1994 年和 1999 年广东省深圳市红树林的调查发现，危害和具有潜在危害的害虫种类有所增加（贾凤龙等，2001）。付小勇等（2012）总结了不同种类的害虫在不同红树林区域损害红树不同部位的情况，有 30 种害虫侵害了 6 种红树植物。李志刚等（2012）在海南、广东、广西、福建和台湾第一次虫害暴发时就报道在不同的红树林区域有 18 个主要种类的害虫破坏了 7 种红树植物。

团水虱最喜欢蛀蚀的红树种类依次为：海莲（*Bruguiera sexangula*）、木榄（*Bruguiera gymnorrhiza*）＞尖瓣海莲（*B. s.* var. *rhymchopetala*）、角果木（*Ceriops tagal*）＞白骨壤（*Avicennia marina*）、秋茄（*Kandelia obovata*）＞桐花树（*Aegiceras corniculatum*）（徐蒂等，2014）。

2.2.2 影响有孔团水虱暴发的可能因素

近 10 年以来，我国红树林中有孔团水虱的分布率与红树林的破坏率呈明显相关的趋势，团水虱的破坏活动对红树林生态系统的恢复产生了很大的负面影响，因此明晰导致红树林团水虱暴发的可能因素是非常必要的（Brooks and Bell，2005）。团水虱的破坏和穴居活动不仅可改变红树根部的系统结构而直接影响红树的生长，还可减缓根的繁殖，造成根部萎缩。对根系的这些影响不仅会改变根系对树干的支持和养分供应，也可能间接影响到以红树林的根部作为住所或者栖息地的其他动物（Brooks and Bell，2005；Perry and Brusca，1989；Ellison and Farnsworth，1990；Bingham，1992）。下列因素都可能是造成红树林生态系统团水虱暴发的主要因素。

2.2.2.1 盐度

团水虱是广盐性的等足目动物，可以耐受很宽的盐度范围，并在该盐度范围内进行繁殖（Masterson，2017；Pillai，1965）。Charmantier 等（1994）研究了与有孔团水虱密切相关的团水虱 *S. serratum* 的渗透压调节和耐盐性的个体生物学，发现 *S. serratum* 有专门的育儿袋，袋中盐浓度与外部不同，育儿袋可以充当幼虫的渗透压调节器官，即幼虫出生时就能够耐盐并快速生长，出生后团水虱在所有生长阶段都属于广盐性动物，成年的 *S. serratum* 可在高浓度的海水中通过调节渗透压生存。印度的研究者 Poirrier 等认为，团水虱 *S. serratum* 的致死盐度为 0.5 以下或 50 以上。而 Lee Wilkinson（2004）报道了团水虱生长的最佳盐度是在 4～28 的狭窄范围内。有孔团水虱是适应性最强的物种之一，甚至能长时间地忍受完全的淡水（Lee Wilkinson，2004）。水的含盐度的突然增加会减少团水虱的挖洞能力,全球气候变化导致海平面上升,逐渐造成海平面向河口和河流上游迁移(Masterson,2017),使得团水虱繁殖和栖息的最佳区域大幅度增加。因此,这个区域周边海水盐度的改变可能是造成团水虱暴发的主要因素。

2.2.2.2　气候变化造成的温度升高

自 1880 年以来,全球变暖使地球的平均气温上升了约 0.8℃(1.4℉)(Michael, 2017)。两极冰雪的融化和海洋水位的上升使冬季变得更短和更暖,与之伴随的现象是提前到来的春季气温和滞后的冬季气候。新的研究表明,生活在温暖地区的生物由于拥有较高的代谢率,能够更加迅速地繁殖,因此更可能发生数量的暴发性增长。有孔团水虱和一些其他种类的团水虱之所以在世界各地的亚热带与热带区域被发现,是因为它们能够耐受很宽范围的日温、季温的变化,以及个体偶尔经历的致命的冬季低温(Lee Wilkinson,2004)。Rehm 和 Humm(1973)在研究佛罗里达州的有孔团水虱时发现,当温度为 24℃时,人工饲养的团水虱在 2~4 周即可以进行繁殖。Thiel(1999)考察了美国佛罗里达州大西洋沿岸的印第安河咸水湖里有孔团水虱的繁殖,发现具有繁殖能力的团水虱一年四季都能够找到。有孔团水虱繁殖频率最高的季节在秋季、晚春或初夏,在晚春或初夏期间,大量接近成年的团水虱在红树的气生根上建造自己的洞穴。根据 Sankaranarayana 等(1987)的研究结果,1987 年有孔团水虱在印度的暴发发生在东北季风盛行的季节(平均日最高气温在 28~34℃)。在中国几乎所有的有孔团水虱和光背团水虱均分布在海南、广东和广西,即 19°N~22°33′N 的区域,但在偏北部的红树林中没有发现这些等足目团水虱(徐蒂等,2014;Li et al.,2016)。有孔团水虱是所有团水虱中最具破坏性的物种,它具有真正的热带区域的分布特征,其分布状态表明持续的高温对团水虱的暴发性繁殖来说至关重要(Pillai,1965)。因此,全球变暖带来的温度升高为团水虱幼虫的快速繁殖提供了有利的环境条件(Thiel, 1999,2011;Baratti et al.,2005)。

2.2.2.3　食物的可利用性

Svavarsson 等(2002)发现有孔团水虱喜欢破坏生长在低水位淤泥中的红树,此时树木直接暴露在海水中,淤泥上面的水中含有比沙里更多的有机营养物,可为在泥泞浅水区的团水虱提供更多的食物来源。虽然捕食(Perry and Brusca,1989)和竞争(Ellison and Farnsworth,1990;Ellison et al.,1996)可以影响团水虱物种的分布,减少其钻孔活动的频率(Ellison and Farnsworth,1990;Ellison et al.,1996),但是有孔团水虱作为滤食性动物不需要在洞穴之外取食,从而减少了因暴露而被捕食的危险(Aung and Bellwood,2002)。有孔团水虱与其他在红树林根部发现的破坏性生物（如附着甲壳类动物和腹足类动物）不同，有孔团水虱挖洞并居住在洞穴里，只有在洞穴建造的过程中才有可能被捕食。范航清等（2014）也报道了在红树林中大量存在的团水虱的破坏和繁殖现象，特别是在排放污染物的溪流沿岸及有污染物沉积的地方，团水虱的破坏尤为严重。虽然富营养化在浅海水域是普遍现象，但越来越多的污染物加重了水体富营养化，并导致河口和红树林沼泽中大型藻和浮游植物的暴发性生长。此外，红树林的物理结构减缓了水的流动性，使沙、黏土、重金属及其他沉积物不能在水体中形成悬浮物（Bochove et al.，2014）。红树林的这种特性本身为团水虱的入侵创造了良好的环境，并为团水虱的入侵和繁殖提供了足够的食物来源。

2.2.2.4 潮汐和水流

团水虱在红树林中钻洞和滤食都需要水，尤其有孔团水虱更喜欢在潮间带挖洞。因为潮间带的水位伴随着潮汐周期而稳定地变化，低潮时氧的含量高，涨潮时团水虱被淹没，悬浮物质为团水虱带来丰富的食物（Brooks and Bell，2005，2001；Svavarsson et al.，2002）。团水虱在退潮后通常会撤退到洞穴中，并保持低活力的状态，从而可以暴露在无水的条件下几个小时（Aung and Bellwood，2002）。高潮时红树的根部浸没在水中，有孔团水虱可以快速地从一棵红树游向另一棵的根部。随着潮间带高度的增加，等足目团水虱受到的限制明显越来越少，由于有足够的时间淹没在水中，因此提高了团水虱的滤食时间和挖掘新的红树根部的时间。徐蒂等（2014）的研究发现，红树林群落微地形的变化导致了淹水深度和淹水时间的变化，其中淹水深度变化与红树林退化无显著相关，但淹水时间变化（表现在形成积水）则与其退化呈显著正相关，较长的淹水（积水）时间加剧了红树林退化。最近的试验研究表明，淹水对于红树林中有孔团水虱的繁殖是一个重要的物理条件（Brooks and Bell，2001）。然而，对等足目动物的生态环境仍需进行进一步研究，包括在不同淹水时间下的存活率、淹水时间与滤食或食物可利用性的相关性研究（Svavarsson et al.，2002）。

2.2.2.5 水质

红树林湿地能够通过过滤潮汐和河流中的沉积物、矿物质、污染物及营养物质保护周围的水环境（Bochove et al.，2014）。红树林湿地和河口可接受影响水质的污染物，包括来自城市、农业或工业活动产生的盐、重金属及营养物如氮、磷酸盐类污染物和硫化合物。例如，我国红树林区域的水污染来源于工业和生活污水的直接或间接排放，此外，养鸭场、养猪场和沿岸地区的虾塘养殖是红树林水体的其他污染源（Lin H W and Lin W H，2013）。这些污染物通过地表径流、河流排入及大气沉降进入红树林和生长红树林的河口。污染物总量过多会使水体富营养化，导致藻类和浮游植物生物量增加，从而大量消耗溶解氧，造成生物多样性减少（Lin H W and Lin W H，2013）。如前所述，藻类和浮游植物生物量的增加为团水虱的繁殖提供了丰富的食物来源。同时，水中溶解氧的耗尽又会导致同样栖息在红树林生态系统中团水虱的天敌如鱼、蟹等海洋动物的死亡。根据范航清等（2014）的调查结果，1992～2009 年，在广西红树林中野生鱼类资源如中华乌塘鳢（*Bostrychus sinensis*）的数量大约减少了 96%。水体污染不仅会导致有孔团水虱天敌死亡使其被捕食概率降低，而且为有孔团水虱带来了丰富的食物，增加了其繁殖速率。因此，水质特别是水体污染对红树林生态系统中团水虱的暴发起到了关键作用。

2.2.2.6　已恢复的红树林生物多样性的减少

在过去的 20 年中，我国政府已经建立并实施了一系列的红树林保护和恢复方案。在红树林的恢复工程中存在着原生红树的少部分物种和一些快速生长的外来红树植物被单一地集中种植的方法。例如，来自孟加拉国的无瓣海桑在我国南部沿海的许多地方都有种植，包括海南东寨港国家级自然保护区，湛江、淇澳岛、广东福田红树林自然保护区，广西北仑河口红树林自然保护区及福建的几个红树林保护区。由于大多数重新造林项目主要是为了所种植树木的外观和高的存活率，这些项目均采用单一的栽培方法（Chen et al.，2009）。众所周知，在植树造林中使用单一的种植方法会减少再造林的生物多样性，也会改变食物网的相互作用，使得生态价值较低、生物多样性减少的森林容易遭受病虫害暴发的破坏。然而，目前有关红树林虫害暴发风险与单一物种种植恢复之间的相关性研究较少。根据 Field（1995）和 Spalding（1997）等的分析结果，世界各地有 20 个国家通过补种几个红树物种来尝试恢复红树林。例如，世界上最大的红树造林计划——孟加拉国在新沉积的约 $1.6 \times 10^3 \, \text{km}^2$ 的区域种植无瓣海桑（*Sonneratia apetala*）。然而，从长远来看这种方法通常会失败，因为红树林恢复时对土壤和水文优先的要求没有被满足（Spalding，1997；Iii，2005；Feller and Sithik，1996）。生态恢复的理论基础是仅种植一个或两个物种，即使成功了，也并不意味着生态系统的恢复（Iii，2005；Feller and Sithik，1996；Lewis，2009；Field，1999）。全世界范围内的红树林恢复项目证明，由于在一开始就没有考虑到红树林的生态要求，因此修复项目并没有实现多年来的既定目标，且造成了时间和金钱的浪费（Iii，2005）。大多数研究者认为，有孔团水虱原产于印度洋和印度太平洋地区，有孔团水虱可能是中国红树林的入侵物种之一。而外来入侵物种对恶劣的环境条件具有高的适应性，并会对生物多样性、社会和经济产生威胁（Astudillo et al.，2014）。因此，恢复红树林生物多样性时采用的单一树种种植方法，也可能是导致团水虱暴发的主要因素之一。

2.3　影响东寨港红树林中团水虱分布的生态因子研究

团水虱是甲壳动物等足目中最常见种之一，属于节肢动物门甲壳纲等足目团水虱科团水虱属。目前，世界上已报道的团水虱科共 93 属 643 种（李云等，1997；Conover，1975；Aung and Bellwood，2002）。团水虱的地理分布范围很广，在淡水、半咸水、潮间带及 1800 m 的深海均有分布（李云等，1997；Conover，1975；Brooks，2002）。据报道，团水虱属于滤食性动物，通常营自由生活，时常穴居于红树林、珊瑚礁及沿海海岸工程的木桩中，会破坏海洋生态（黄威民等，1996）。Brooks 等（2004）曾报道在佛罗里达湾北部红树林中团水虱的分布与温度、盐度、pH 等水质因素没有显著性关系，并认为其他钻孔动物对团水虱的分布起着一定的限制作用。而关于海南东寨港红树林中团水虱与水质因子和共生生物的关系及防治办法等尚未见相关报道。近年来，海南东寨港红树林中出现了一定范围的团水虱虫害，并已经造成红树林大面积死亡，这引起了政府和社会的高度关注。为了防治团水虱虫害，保护红树林，我们对海南东寨港国家级自然保护区红树林中团水虱虫害区域的水质和团水虱的分布情况进行了初步调查研究。

2.3.1　研究站点

研究站点位于海南省海口市演丰镇东寨港国家级自然保护区，这片红树林中有 4 处受团水虱虫害较为严重，在这 4 个地点分别设置站位 A、B、C、D，未发现团水虱虫害的站位 E 作为对照研究站位，并利用 Garmin 60CSx 型 GPS 进行定位。

2.3.2　各研究站位水质因子

从表 2-1 中可知，站位 A、B、C、D 的平均水温、盐度、pH、溶解氧（dissolved oxygen，DO）和化学需氧量（chemical oxygen demand，COD）分别为 26.5～29.5℃、12.5～20.5、7.994～8.049、5.23～6.61 mg/L、1.65～1.82 mg/L，团水虱与网纹藤壶呈垂直分布关系，从表 2-1 中可以看到，站位 A、B、C、D 的平均水温、盐度、pH、COD 和 DO 并没有都高于或者低于对照站位 E，这些水质因子与是否发生团水虱虫害并没有明显关系（$P>0.01$），没有影响团水虱的分布。这可能是由于几个站位都处于同一片海区，水温和 pH 相差不大，而站位 A、D 由于靠近河口，盐度和 DO 值高于其他站位。站位 A、B、C、D 的总氮、总磷含量和站位 E 的总氮含量都超过国家海水标准Ⅲ类水标准（总氮<0.3 mg/L，总磷<0.045 mg/L），且其中 A、B、C、D 4 个站位总氮、总磷含量和浮游生物量明显高于对照站位 E（表 2-1）。团水虱以浮游生物为食（李云等，1997；Conover，1975；Aung and Bellwood，

2002)，较高的 N、P 含量会促使水体中的浮游生物量增加，4 个研究站位平均浮游生物量为 0.168～0.212 mg/L，对照站位 E 总氮 0.336 mg/L，浮游生物量 0.105 mg/L。对各个站位总氮、总磷含量与浮游生物量进行相关性分析，$P<0.05$，说明 N、P 含量与浮游生物量关系显著，浮游生物是团水虱主要的食物来源，会促进团水虱虫害的发生。因此，N、P 含量和浮游生物量是影响团水虱分布的主要水质因子。

表 2-1　水质因子检测结果

站位	平均水温/℃	平均盐度	平均 pH	平均 DO/（mg/L）	平均 COD/（mg/L）	总氮/（mg/L）	总磷/（mg/L）	浮游生物量/（mg/L）
A	26.5±0.05	20.5±0.12	7.994±0.09	6.43±0.13	1.82±0.14	0.598±0.05	0.054±0.009	0.212±0.035
B	27.5±0.11	14.5±0.31	8.018±0.07	6.05±0.21	1.77±0.24	0.605±0.08	0.050±0.011	0.189±0.028
C	28.5±0.15	12.5±0.18	8.049±0.11	5.23±0.19	1.80±0.23	0.532±0.05	0.051±0.008	0.168±0.024
D	29.5±0.14	20.5±0.11	8.045±0.06	6.61±0.30	1.65±0.15	0.356±0.11	0.053±0.011	0.185±0.019
E	28.5±0.07	12.5±0.27	8.031±0.03	5.34±0.14	1.23±0.09	0.336±0.04	0.038±0.007	0.105±0.013

2.3.3　团水虱与网纹藤壶垂直分布关系

从表 2-2 可知，站位 A、B、C、D 团水虱洞穴的平均最大高度分别为 23.2 cm、22.7 cm、20.4 cm、19.22 cm，网纹藤壶平均最大高度分别为 30.9 cm、28.2 cm、32.5 cm、30.4 cm，团水虱洞穴分布在网纹藤壶以下。因此，团水虱在垂直方向上的生长受到了网纹藤壶的限制（表 2-2）。

表 2-2　团水虱洞穴和网纹藤壶距离基底高度

站位名称	团水虱洞穴		网纹藤壶	
	最大高度/cm	平均最大高度/cm	最大高度/cm	平均最大高度/cm
A	22.5～25.7	23.2±0.56	30.5～32.8	30.9±0.21
B	20.3～24.3	22.7±0.23	27.2～28.5	28.2±0.14
C	17.5～23.5	20.4±1.05	29.2～38.5	32.5±1.02
D	18.2～22.3	19.22±0.76	24.6～37.4	30.4±0.93
E	无	无	24.6～37.4	31.5±0.65

从图 2-5 可知，共生部分及与网纹藤壶生长最低点距离 0～5 cm、5～10 cm、10～15 cm 处平均洞穴数量分别为 12.2 个、26.4 个、40.6 个、79.4 个，越靠近藤壶生长位置，团水虱洞穴密度越低，与网纹藤壶距离越小，团水虱洞穴数量越少。团水虱洞穴数量及其与网纹藤壶距离的趋势函数曲线为：$y=6.15x^2-9.17x+16.45$，$R^2=0.9879$。在站位 C 的树干上没有发现网纹藤壶，从图 2-6 可知，在站位 C，由于没有网纹藤壶的存在，从上往下，每 5 cm 高度洞穴数量相差不大，基本相同，没有显著性差异（$P>0.05$），且通过对比其他有网纹藤壶的站位，团水虱洞穴有显

著差异（$P<0.01$）。这说明团水虱在垂直分布上受到了网纹藤壶的限制。由于团水虱是穴居于洞穴中营滤食生活（Svavarsson et al.，2002），网纹藤壶附着于树干表面（林秀雁和卢昌义，2008），会阻挡团水虱洞穴中水体的流动，妨碍团水虱滤食水中浮游生物，限制团水虱在垂直高度上的分布。因此，网纹藤壶是团水虱在垂直分布上的限制因素。团水虱与网纹藤壶的这一关系特征为防治团水虱虫害提供了一个研究方向，可以研究采用人工方法控制团水虱虫害发生区域水体流动来限制团水虱生长，起到防治团水虱虫害的作用。

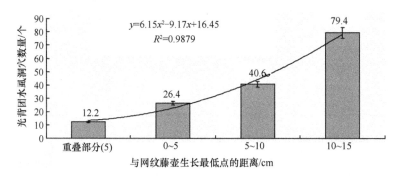

图 2-5　光背团水虱洞穴平均数量与到网纹藤壶的距离的关系

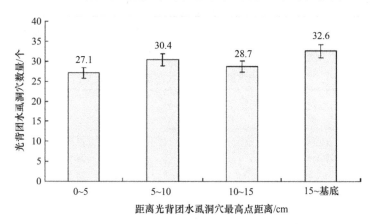

图 2-6　站位 C 光背团水虱洞穴数量与距离洞穴最高点距离的关系

2.4　东寨港红树林团水虱种群分布类型和数量变化动态模型

绵延 50 km 的东寨港红树林自然保护区位于海南省海口市美兰区东北部。它是中国面积最大、种类最多的红树林区，面积 4000 多公顷，是中国建立的第一个红树林保护区，属国家级自然保护区、国际重要湿地（邹发生等，1999）。1995 年 11 月和 1996 年 11 月廖宝文调查海南东寨港三江河边秋茄幼林时，团水虱为害株率达 30%。然而，近年来由于团水虱大量暴发，红树林大面积死亡。团水虱属于污损生物，时常穴居于红树林树木中，是红树林的敌害生物，它会破坏海洋生态环境，造成红树林规模性死亡（中国科学院海洋研究所动物实验生态组，1979；何斌源和赖廷和，2000；Aung and Bellwood，2002；Rehm and Humm，1973）。关于团水虱对红树林生态系统造成影响的研究国内外均有报道，例如，Brooks 等（2004）报道了佛罗里达湾北部红树林中团水虱的分布与水环境因子的关系，并研究了影响团水虱分布的关键水环境因子；邱勇等（2013）已经研究了各种环境因子对团水虱分布范围的影响。本书建立了团水虱种群数量变化的数学模型，分析了模型的变化特征，从而来探讨团水虱在海南东寨港的种群分布及其数量变化动态模型。该研究可用于防治团水虱虫害，为保护生态系统提供帮助。

采样区（A）的地理特征是附近有河流，尤其是与其他红树林区隔开，最适合对生物类型为底栖钻孔类的团水虱的种群分布特征和种群数量进行研究。我们分别于 2012 年 3 月、6 月、9 月、12 月共 4 次在海南东寨港红树林自然保护区对团水虱分布区域进行了种群分布特征研究。采样区（A）的地理位置为：19.9548°N，110.5858°E（图 2-7）。按照红树林受害程度将采样区（A）分为 4 个区域：遭受团水虱虫害严重区域（A1）、较严重区域（A2）、轻微区域（A3）和未受虫害区域（A4）。

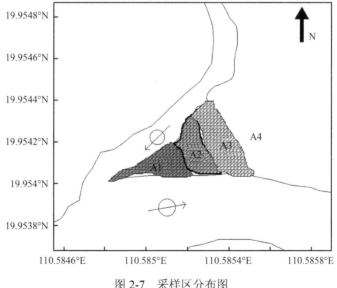

图 2-7　采样区分布图

2.4.1　种群水平空间分布格局和数量分布特征

通过统计采样区（A）3 个区域 A1、A2、A3 的 10 个样方各个月份团水虱平均个体数（X）、方差（S^2）、空间分布指数（I）及平均拥挤度（M），计算各个月份的平均值，统计分析结果如表 2-3 所示。由表 2-3 可知，采样区（A）3 个区域 A1、A2、A3 的样方中，6 月平均个体数（X）、方差（S^2）和平均拥挤度（M）均为最大值，12 月较低，且各月份依次为 6 月>9 月>3 月>12 月。该结果表明，6 月种群密度最大，温度最低的 12 月种群密度减小。在所有月份和所有采样样方中空间分布指数均为 $I>1$，由此可知，团水虱种群全年均为集群分布（Harman and Freeman, 1977）。各个月份均出现 I（A1）>I（A2）>I（A3）的规律，表明 A1 区域内不仅种群密度高，而且集群度也最高。

表 2-3　种群水平分布特征统计结果

月份	采样点编号	S^2	X	I	M
3	A1	52 051.9	357.6	145.55	502.2
	A2	15 738.3	196.9	79.92	275.9
	A3	26.2	20.9	1.25	21.2
6	A1	356 735.2	831.8	382.84	1 313.6
	A2	89 987.7	408.4	220.39	627.7
	A3	20.0	18.7	1.09	18.7
9	A1	245 086.9	735.8	333.11	1 067.9
	A2	16 260.4	248.1	65.55	312.6
	A3	47.9	16.5	2.90	18.4
12	A1	10 224.5	152.4	67.07	218.5
	A2	331.9	41.3	8.05	48.3
	A3	32.4	6.4	5.03	10.5

2.4.2　种群数量变化和动态模型

通过统计分析团水虱种群数量变化，结果表明，在采样区（A）的每个样方内，3 个区域 A1、A2、A3 全年平均种群数量范围分别为 7744.8±21.8、5074.7±32.1 和 482.1。对其种群数量进行 t 检验，结果为 $P<0.01$，表明 3 个区域的种群数量差异极显著，即从区域 A1 到 A3 团水虱种群数量明显减少，且趋势非常明显。全年平均种群数量随时间变化趋势基本相同，均为 6 月种群数量最大，12 月种群数量最小。依据采样数据分析，建立周年数量变化动态模型。当时间为 1 月 1 日时，$t=1$，当时间为 12 月 31 日时，$t=365$。因此，4 个采样时间 3 月 16 日、6 月 24 日、9 月 10 日、12 月 27 日可分别表示为 $t_1=75$、$t_2=175$、$t_3=253$、$t_4=361$，计算出曲线函数为 $y=-0.1861t^2+78.861t-2981.9$，$R^2=0.9712$。对该曲线函数进行求导，所得导函数为 $\mathrm{d}(y)/\mathrm{d}(t)=-0.3722t+78.861$，分别将 t_1、t_2、t_3、t_4 代入导函数 $\mathrm{d}(y)/\mathrm{d}(t)$。由导

函数定义可知，d(y)/d(t)代表曲线增长率，即团水虱种群数量的增长率 r。由导函数可知，当 t 为 1～211 d 时，d(y)/d(t)>0，即增长率 r>0，团水虱种群在 211 d（即 7 月 31 日）以前处于增长阶段，211 d 以后，种群数量开始出现负增长，而且速率越来越快。故可预测，若 7 月末到东寨港红树林自然保护区采集团水虱，种群数量将达到最大值。

2.5　广西团水虱的种类组成及其对红树林的生态效应

目前，世界上报道的团水虱有 37 种（李秀锋，2017），许多种类为广布种，全球几乎所有的海岸线都有存在。团水虱分布于沿海潮间带，被认为是破坏沿海红树林的钻孔动物（Brooks，2004；Timothym et al.，2008）。在我国，团水虱分布于渤海、东海和南海等海域，尤其是在长江口以南的各省（区）海岸广泛分布（蔡如星等，1962）。于海燕（2002）报道中国海域的团水虱属有 6 种，分别是三口团水虱、有孔团水虱、光背团水虱（*S. retrolaeve*）、瓦氏团水虱、福建团水虱（*S. fujianensis*）和中华团水虱。

团水虱的地理分布与分类特征是当前国内外研究的重点（李秀锋，2017；范航清等，2014；Iverson，1982；Kussakin and Malyutina，1993；于海燕和李新正，2003；邱勇，2013；Astudillo et al.，2014；徐蒂等，2014），其生物学特性也多有涉及（Willis and Heath，1985；Thiel，2000；Murata and Wada，2002；Lee Wilkinson，2004；Si et al.，2010；Davidson and Rivera，2012；Wetzer et al.，2013）。国内关于团水虱的研究主要集中在对团水虱分类、生物学特性、食性及其引发红树林生态环境灾害的研究（于海燕，2002；李秀锋，2017；范航清等，2014；徐蒂等，2014；林华文和林卫海，2013；王荣丽等，2017；杨玉楠等，2018；杨明柳等，2018）。近年来，广西北海市小冠沙、蚊尾和海南东寨港等地出现了团水虱暴发使红树林大规模死亡的现象，红树林受到严重危害（范航清等，2014；林华文和林卫海，2013）。红树林生态系统是海岸沼泽生态系统中重要的组成部分（张忠华等，2006），进一步加强团水虱的研究工作，对保护红树林生物多样性和维持其海洋生态价值具有重要意义。目前，关于广西红树林区团水虱的种类组成和分布特征尚未见报道。本书通过整理和分析对广西红树林区 30 个断面于 2017 年 11 月～2018 年 1 月进行调查的数据和资料，来探究广西红树林区团水虱的物种组成和分布特征，以期为防治广西红树林区团水虱和保护红树林生态系统提供参考。

2.5.1　团水虱的种类组成

通过调查和采样，对广西沿海（北海、钦州、防城港）红树林区域 30 个断面所采集的团水虱进行分类鉴定，共发现 3 种团水虱，分别为有孔团水虱（*S. terebrans*）（图2-8）、光背团水虱（*S. retrolaeve*）（图2-9）和福建团水虱（*S. fujianensis*）（图 2-10）。

图 2-8　有孔团水虱的背面和腹面

图 2-9　光背团水虱的背面和腹面

2.5.2　团水虱的分布特征

　　广西红树林区团水虱的分布特征如表 2-4 所示。表 2-4 显示广西沿海红树林区域 30 个断面中，5 个断面未发现有团水虱；10 个断面只发现 1 种，其中 7 个断面为

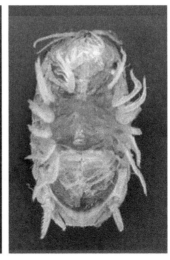

10 mm

图 2-10 福建团水虱的背面和腹面

有孔团水虱，3 个断面为光背团水虱；其余 15 个断面发现 2～3 种（图 2-11）。30
个断面中，出现有孔团水虱的断面 21 个，出现光背团水虱的断面 18 个，出现福
建团水虱的断面 3 个。调查还发现，有孔团水虱的相对数量（即随机采集具有团
水虱蛀洞的底质的情况下从中收集到的团水虱数量）较多，光背团水虱的相对数
量次之，福建团水虱的相对数量较少。调查结果显示，有孔团水虱在分布的断面
数上及相对数量上都是最多的。

表 2-4 广西红树林区团水虱分布特征

断面名称	断面号	经纬度	有孔团水虱	光背团水虱	福建团水虱	分布潮位	蛀洞底质	分布范围
防城港东兴竹山	GX01	21°32′52.11″N, 108°02′16.02″E	+	+		高、中、低潮区	白骨壤、桐花树、秋茄、沉积岩	林内、林缘
防城港东兴山心	GX02	21°34′36.52″N, 108°09′07.51″E						
防城港东兴贵明	GX03	21°35′18.27″N, 108°10′39.89″E	+	+		低潮区	木桩	
防城港东兴交东	GX04	21°36′29.28″N, 108°11′55.23″E	+	+		高潮区	沉积岩、桐花树	
防城港石角	GX05	21°37′01.35″N, 108°13′45.20″E						
防城港马正开	GX06	21°41′02.70″N, 108°21′02.73″E	+	+		高、中、低潮区	秋茄、桐花树	林缘
防城港渔洲坪	GX07	21°38′05.79″N, 108°22′10.37″E	+			中潮区	木桩	潮沟边
防城港小龙门	GX08	21°41′03.31″N, 108°25′12.28″E	+			高潮区	木桩	潮沟边

续表

断面名称	断面号	经纬度	有孔团水虱	光背团水虱	福建团水虱	分布潮位	蛀洞底质	分布范围
钦州康熙岭	GX09	21°52′09.00″N，108°29′20.29″E	+	+		高、中、低潮区	无瓣海桑、沉积岩	林内、潮沟内
钦州石沟	GX10	21°53′23.64″N，108°33′47.53″E		+		低潮区	桐花树	林缘
钦州海虾楼	GX11	21°52′10.66″N，108°34′41.38″E	+	+		中、低潮区	桐花树	潮沟边
钦州沙井	GX12	21°51′28.44″N，108°35′14.55″E	+	+		中、低潮区	木桩	
钦州沙环	GX13	21°48′14.80″N，108°34′42.77″E	+	+		高、中、低潮区	桐花树	
钦州港仙岛公园	GX14	21°44′51.99″N，108°35′30.39″E	+			中、低潮区	白骨壤、桐花树	林缘、潮沟边
钦州港金鼓江	GX15	21°45′07.63″N，108°38′10.40″E	+			高、中潮区	沉积岩、木桩	潮沟内
防城港大冲口	GX16	21°39′15.26″N，108°32′48.87″E	+	+		高潮区	沉积岩	虾塘排水口周围
钦州港中三墩	GX17	21°37′37.32″N，108°51′06.41″E		+		中、低潮区	白骨壤、木桩	潮沟边
北海西场贵初沟	GX18	21°39′36.97″N，108°52′49.48″E		+		中、低潮区	秋茄、桐花树	潮沟边
北海西场东江口	GX19	21°36′09.53″N，108°59′49.03″E						
北海党江木案	GX20	21°35′38.46″N，109°03′49.70″E		+	+	中、低潮区	桐花树	潮沟边
北海党江针鱼墩	GX21	21°34′56.41″N，109°06′27.14″E	+	+	+	中、低潮区	桐花树	潮沟边
北海垌尾	GX22	21°33′28.61″N，109°09′27.53″E	+	+	+	中、低潮区	白骨壤	林缘、潮沟边
北海小冠沙	GX23	21°24′51.35″N，109°10′18.28″E	+			低潮区	白骨壤	林缘
北海闸口老屋场	GX24	21°43′32.87″N，109°32′17.08″E	+			高、中、低潮区	沉积岩	潮沟内
北海白沙洋墩	GX25	21°39′56.17″N，109°34′03.30″E						
北海白沙榄子根	GX26	21°36′34.23″N，109°36′25.86″E						
北海白沙和荣	GX27	21°35′30.04″N，109°38′24.39″E	+	+		高、中、低潮区	白骨壤、桐花树、秋茄	林缘、林内
北海山口新村	GX28	21°34′19.61″N，109°40′23.80″E	+			中、低潮区	白骨壤、桐花树、秋茄	潮沟边

续表

断面名称	断面号	经纬度	有孔团水虱	光背团水虱	福建团水虱	分布潮位	蛀洞底质	分布范围
北海山口高坡	GX29	21°33′34.34″N, 109°44′46.15″E	+	+		高、中、低潮区	桐花树、泡沫块、木桩	潮沟边
北海山口保护区英罗站	GX30	21°29′52.63″N, 109°45′31.12″E	+	+		高、中、低潮区	木桩	潮沟内

注:"+"表示存在该种

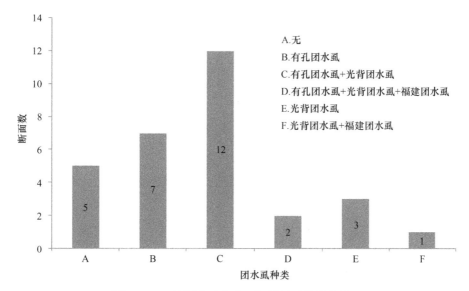

图 2-11 三种团水虱在广西红树林区的分布情况

从广西沿海 3 市团水虱的分布情况来看(图 2-12),北海市 13 个断面中,3 个断面未发现团水虱(GX19、GX25、GX26);4 个断面只发现 1 种;4 个断面发现 2 种;2 个断面发现 3 种(GX21、GX22),这也是本次调查发现 3 种团水虱都存在的 2 个断面。本次调查发现的福建团水虱,只存在于北海市廉州湾的 3 个断面(GX20、GX21、GX22)。钦州市 8 个断面都发现有团水虱,其中 4 个断面 1 种,另 4 个断面则 2 种。防城港市 9 个断面中,2 个断面未发现有团水虱;2 个断面 1 种(有孔团水虱);其余 5 个断面 2 种。

在团水虱的潮位分布方面,30 个断面中,团水虱出现在中潮、低潮或者中低潮的断面 22 个,出现在高潮区的断面 12 个。另外,经实地调查发现,团水虱主要分布于潮沟边或潮沟内及林缘,而在 GX27、GX09 和 GX01 这 3 个断面中,团水虱还分布于林内。

有团水虱的 25 个断面中:16 个断面发现团水虱主要蛀洞于红树植物(图 2-13),包括白骨壤(*Avicennia marina*)、桐花树(*Aegiceras corniculatum*)、秋茄

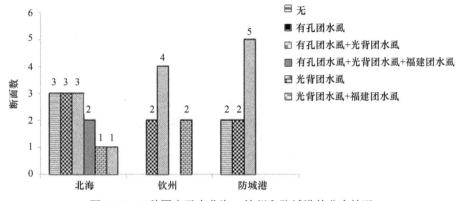

图 2-12　三种团水虱在北海、钦州和防城港的分布情况

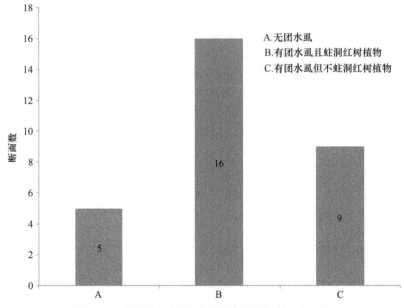

图 2-13　广西红树林区团水虱蛀洞红树植物的情况

（*Kandelia obovata*）和无瓣海桑（*Sonneratia apetala*），其中蛀洞于桐花树的断面 13 个，蛀洞于白骨壤的断面 7 个，蛀洞于秋茄的断面 5 个，蛀洞于无瓣海桑的断面 1 个。另外 9 个有团水虱的断面，团水虱不蛀洞于红树植物，而是蛀洞于木桩、软质沉积岩或泡沫块。

2.5.3　讨论

2.5.3.1　团水虱的种类组成

调查发现广西红树林区的团水虱主要有 3 种，分别为有孔团水虱、光背团水虱和福建团水虱，有孔团水虱分布于浙江以南沿海地区（于海燕，2002），这与于海燕的调查结果一致。李秀锋（2017）调查我国部分红树林区，在北海的冯家江和山口共发现有孔团水虱和光背团水虱 2 种，与本次调查结果一致。目前报道中，关于福建团水虱的分布只提及其见于福建（于海燕，2002），而本次调查发现北海的红树林也有福建团水虱的分布，为广西的首次记录。

本研究结果中，北海分别出现有孔团水虱和光背团水虱的断面数不同，钦州和防城港出现有孔团水虱的断面数都多于当地出现光背团水虱的断面数。再者，从北海、钦州和防城港三地不同种类团水虱的比例来看，其共同点是有孔团水虱的数量所占比例最大，其次才是光背团水虱。由此看来，有孔团水虱是广西红树林区内主要分布的团水虱种类，其在该区域的分布是最普遍的，该研究结果和李秀锋（2017）分析广西红树林团水虱主要种类的结果是一致的。此外，李秀锋（2017）还发现在广东湛江和海南的红树林里，有孔团水虱也是主要的危害种类，可见有孔团水虱具有较大的生存优势。

2.5.3.2　团水虱的分布与潮位的关系

本研究发现，在潮间带潮位的分布上，团水虱多分布于中、低潮区域，但是不少断面的高潮区也有分布。调查还发现，团水虱多分布于潮沟两边或潮沟内及林缘，这与范航清等（2014）和孙艳伟等（2015）研究得出的团水虱更易侵害地势低洼的沉积区域、排污口和潮沟边的红树植物结论一致。一方面，红树林滩涂放养鸭群，会使淤泥疏松，加之虾塘排出的废水冲刷淤泥，会导致局部低洼的地形，形成排污潮沟的积水区，随着这些区域淹水时间的加长，低潮区林缘的淹水时间也加长。淹水时间的增加使团水虱有更多时间进行滤食，促进其快速繁殖生长，种群数量增多。另一方面，淹水时间过长的环境会使红树植物处于受胁迫的亚健康状态（Thiel，2000）。另外，在红树林滩涂放养鸭群和在沿海对虾蟹的过度捕捞会减少团水虱的天敌，而且沿海虾塘排放的有机污水和消毒剂，以及人类排放的生活污水和垃圾也会使团水虱天敌减少，使红树植物处于受胁迫状态（范航清等，2014；Iverson，1982）。这可能是团水虱主要分布于中、低潮区域、潮沟边或林缘的原因之一。研究中，在北海白沙和荣、钦州康熙岭和防城港东兴竹山均发现林内有团水虱存在，这可能是当地沿海过度的虾塘养殖造成的。经调查发现，这 3 个断面附近虾塘分布范围面积广，红树林遭受污染的程度严重，其退化程度加深，团水虱更容易在其中生存。团水虱在高、中、低潮区都有分布，表明这可能与高程变化引起的淹水深度没有关系。徐蒂等（2014）研究发现，淹水深度并不会使团水虱暴发而导致红树林退化，淹水深度仅影响团水虱的钻洞高度，但不足以引发团水虱的大量繁殖，而淹水时间对团水虱的生存才具有重大意义。

2.5.3.3　团水虱对蛀洞底质的选择

调查结果显示，团水虱蛀洞底质多样，既蛀洞于桐花树、白骨壤、秋茄和无瓣海桑等红树植物，也蛀洞于腐木、木桩、软质沉积岩和泡沫块等底质。相关研究也报道了团水虱蛀洞于砂岩、泡沫块和腐木等（Si et al.，2010；Davidson and Rivera，2012；林华文和林卫海，2013），这与本研究结果一致。从调查结果来看，团水虱蛀洞的主要红树植物为桐花树、白骨壤，其次为秋茄；在白骨壤-桐花树群落中，发现白骨壤通常被蛀洞较多，桐花树被蛀洞较少；在桐花树群落中，林中的白骨壤、秋茄则较少被团水虱侵蚀。此外，在钦州康熙岭的无瓣海桑-桐花树群落中，团水虱主要蛀洞于无瓣海桑，桐花树未发现被蛀洞。由此可见，团水虱对红树植物蛀洞的偏向性还与当地红树植物群落结构有关。结合实地调查团水虱对红树植物侵蚀的情况来看，团水虱偏向蛀洞的红树树种排序为：无瓣海桑＞白骨壤、桐花树＞秋茄。团水虱对于蛀洞的底质有偏向性。孙艳伟等（2015）发现海南东寨港塔市的红树林区域中团水虱主要蛀洞于白骨壤，三江的红树林区域中团水虱主要蛀洞于秋茄，在演丰东河的红树林中团水虱蛀洞于木榄、海莲、秋茄和红海榄等。范航清等（2014）发现在广西和海南的 3 个红树林区中，团水虱偏向蛀洞的红树树种排序为：海莲、木榄＞尖瓣海莲、角果木＞白骨壤、秋茄＞桐花树。而黄戚民等（1996）发现福建红树林区的团水虱侵蚀桐花树最为严重，秋茄和白骨壤的侵蚀程度较小。李秀锋（2017）在实验室研究发现，有孔团水虱偏向蛀洞的底质排序为：泡沫＞木榄＞白骨壤＞银叶树＞海莲。由此看来，不同研究者研究团水虱偏向蛀洞的红树树种的结果不完全一致，这可能是由当地的植物群落优势种不同和研究者的研究方式不同造成的。还有一种可能是，团水虱蛀木时对红树树种可能没有选择性，被选择蛀洞的树种只是受到了胁迫而处于不健康状态，研究者报道的蛀木树种不同，是由于各地受到胁迫的树种不同。当树木都处于健康状态时，团水虱可能不蛀木，而去选择泡沫块或沉积岩等其他底质。Lee Wilkinson（2004）通过实验发现，有孔团水虱对于蛀洞底质的选择偏向于质地松软、密度低的底质，他在实验室发现团水虱最喜欢蛀洞于泡沫块，其次是轻质木头或柏树。在我们的调查结果中，有 9 个断面有团水虱的存在，但团水虱不侵蚀红树植物，而是选择了木桩、软质沉积岩或泡沫块，这也从一个侧面提示了这种可能性，但还有待进一步的研究证实。

2.5.3.4　团水虱与红树林生态系统退化的关系

针对上述的讨论，我们是否可以做这样的设想：团水虱是如今人们认为的直接致使红树林退化死亡的害虫，还是红树林遭受其他环境因素胁迫而处于亚健康状态后，为团水虱创造了有利生存条件，团水虱才蛀洞于红树植物，进而加速了红树植物的退化和死亡？

有研究结果表明，健康的红树植物遭到病虫害的侵袭时，体内会增加单宁的合成。由此看来，红树植物中的单宁对虫害有抵御作用。相关研究发现，当淹水胁迫加强后，红树植物光合作用下降，从而无法充分提供合成单宁的能量和原料，最终秋茄幼苗的单宁含量减少（何缘，2009）。人类在沿海红树林区过度发展虾塘养殖和海鸭养殖等的行为，可能会加重淹水和污染等胁迫（Thiel，2000），进而影响到红树植物的生长，植物自身生存能力就会降低，处于亚健康状态，此时植物中的单宁合成会随之减少，为团水虱钻洞栖息创造有利条件。杨明柳等（2018）研究表明，团水虱主要摄食浮游生物，红树林区污染的加剧使得水体富营养化，浮游生物大量繁殖，为团水虱提供了充足的食物来源，使其能够大肆繁殖，从而暴发，导致大量亚健康的红树植物被侵蚀。团水虱与红树林生态系统退化的关系可大致描述为：水淹、环境污染恶化→红树植物受胁迫，伴随着团水虱大量繁殖→团水虱攻击亚健康的红树植物→红树林生态系统加速退化。因此，团水虱或许并不是致使红树林大量衰退死亡的直接原因，而是人类活动造成的环境胁迫导致红树植物退化，为团水虱侵蚀红树林提供了有利条件从而加速了红树植物死亡。由此，对于团水虱的防治，我们可能要转变一下思路，与其想方设法采用各种手段杀灭团水虱，倒不如采取措施改善红树林区环境质量，让健康的红树林自然抵御团水虱的侵蚀。

2.6　团水虱消化酶及其种群生态学研究

我们分别于 2011 年 3 月、6 月、9 月、12 月对海南东寨港红树林中的团水虱进行了调查研究。研究包括了团水虱 4 种主要消化酶活力和团水虱种群生态学。消化酶活力研究的内容包括：团水虱的蛋白酶活力、脂肪酶活力、淀粉酶活力、纤维素酶活力。同时，探讨了消化酶活力与团水虱食性的关系；团水虱种群生态学主要研究了团水虱分布区域站位 A、B、C、D 和空白对照站位 E 的海水物理、化学、生物环境因子，团水虱种群分布特征、种群年龄结构组成、性比率等。

2.6.1　消化酶活力

对团水虱消化酶活力研究的结果表明，各实验组蛋白酶活力范围是 32.07～105.86 U/mg，总平均值为 83.18 U/mg，幼体到成体蛋白酶活力回归函数为：$y=15.461x+5.0509$（y=蛋白酶活力，x=体长，下同），雌、雄成体平均蛋白酶活力分别为（86.22±0.80）U/mg 和（125.01±0.69）U/mg，回归函数为：$y=3.787x+94.103$；淀粉酶活力范围是 26.63～54.41 U/mg，总平均值为 44.63 U/mg，回归函数为：$y=-3.268x^2+24.784x+12.943$，雌、雄成体平均淀粉酶活力分别为（39.34±1.73）U/mg 和（36.65±2.04）U/mg，回归函数为：$y=-9.8599x+117.91$；脂肪酶活力范围是 11.21～

12.78 U/mg，总平均值为 12.07 U/mg，回归函数为：$y=0.01x+12.05$，雌、雄成体平均脂肪酶活力分别为 (12.10 ± 0.06)U/mg 和 (12.15 ± 0.05)U/mg，回归函数为：$y=0.0252x+11.945$；纤维素酶活力范围是 18.46～48.62 U/mg，总平均值为 34.75 U/mg，回归函数为：$y=-0.5173x^3+3.6173x^2-3.9102x+39.43$，雌、雄成体平均纤维素酶活力分别为 (30.00 ± 1.57)U/mg 和 (27.35 ± 1.72)U/mg，雄成体体长-蛋白酶回归函数为：$y=-7.5915x+89.914$。团水虱从幼体到成体的脂肪酶活力都最低，不随着体长增长而变化，并且没有雌雄性别差异。随着团水虱的体长增长，其蛋白酶活力明显高于其他消化酶活力，且雄性团水虱的蛋白酶活力高于雌性，有明显性别差异。淀粉酶和纤维素酶活力的变化具有相关性，都是随着体长的增长而降低。这些消化酶活力的变化表明，团水虱在幼体和稚体阶段较多摄食含较高纤维素和淀粉的食物，如浮游植物等，较少摄食含有高脂肪含量的食物。随着发育完成，成为成熟个体后，较多摄食蛋白质含量高的浮游动物、浮游植物以满足生殖发育需求。

2.6.2　影响团水虱分布的环境因子

对影响团水虱分布的环境因子的研究结果表明，站位 A、B、C、D 和对照站位 E 的物理环境因子相差不大，海水物理环境因子在调查区域并不影响团水虱的分布；海水化学环境因子中盐度、pH、溶解氧（DO）、化学耗氧量（COD）等对团水虱的分布没有明显影响；总氮、总磷含量是团水虱分布的限制因子，团水虱分布区域的海水总氮、总磷含量高于对照站位；海水生物环境因子中浮游生物量和叶绿素 a 含量都是团水虱分布的区域高于对照站位。由于团水虱分布的研究站位总氮、总磷含量较高，促使浮游生物量的提高，给团水虱提供了充沛的食物，进而促使团水虱大量繁殖，导致团水虱种群大规模暴发。因此，海水总氮含量、总磷含量、浮游生物量和叶绿素 a 含量的提高是影响团水虱在该海域分布的重要环境因子。

2.6.3　团水虱种群生态学

在 6～7 月团水虱种群数量最大，8 月以后团水虱种群密度达到上限，种群数量逐渐开始减少，直至次年水温逐渐上升，种群数量又开始迅速增长，因此 12 月种群数量最少。在平面分布上，团水虱以穴居的红树树干为中心集群分布，且集群种群密度越大，集群度越高，拥挤度越大。在垂直分布上，在距离基底 20～25 cm 的高潮线附近，团水虱种群密度最高。3 月团水虱种群年龄结构为金字塔形的增长型，是种群数量增长最快的时候；到 6 月、9 月种群年龄结构变成稳定型时，团水虱种群数量达到最大；12 月开始，团水虱种群年龄结构为倒金字塔的衰退型，处于最不稳定的衰退阶段。团水虱全年平均性比率为 55.02%～66.02%，表明团水虱种群雌雄比例为 1∶1～1∶2，雌雄个体数量比较接近。各月份性比率高低依次为 3 月>6 月>9 月>12 月。其中，12 月成年团水虱总平均性比率低于其他月份，约为 55.02%。这可能是由于团水虱雄性个体大于雌性个体，因此体长大于 6.5 mm 的雄性比例较高。12 月团水虱种群处于衰退期，种群中老年个体（体长大于 6.5 mm）比率较高，因此，12 月是进行团水虱防治的最佳时机。

2.7 团水虱不同生长阶段肠道微生物多样性分析

团水虱属于团水虱科，主要以钻孔寄居为生，是分布在海洋潮间带上的甲壳类生物，世界上几乎所有海岸线均有分布，对近海岸红树林、木质海洋建筑造成了严重破坏（Brooks，2004；Davidson et al.，2008）。按团水虱身体长度，可将其分为幼体、稚体、成体 3 个生长阶段，各阶段体长为 0.2～1.5 cm，且各生长阶段的生活习性有显著差别（Thiel，1999；邱勇，2013）。一般认为团水虱以浮游生物为食，但也发现其幼体和稚体可以木质纤维素作为其食物来源（Davidson et al.，2008；Prato et al.，2012），广泛的食物来源导致团水虱消化习性较为复杂。

肠道菌群在营养和防御等方面对宿主健康发挥重要的调节作用（Flint et al.，2008），其分泌代谢产物中含有多种酶，能够帮助宿主分解食物中的有机物，增强宿主对营养物质的消化吸收（高权新等，2010）。在对陆生昆虫如白蚁、舞毒蛾、金龟子肠道菌群作用的研究中发现，共生微生物可通过分泌消化酶，辅助肠道分解纤维素（石娟等，2003；Egert et al.，2005；Hongoh et al.，2005），刺参、鱼、虾、蟹等许多海洋动物肠道内同样具有辅助消化各类有机物的微生物（王祥红等，2000；Li et al.，2007；李可俊等，2007；Gao et al.，2014）。对肠道微生物的研究对于了解动物的食性和消化特征有重要意义。

通过构建 16S rDNA 基因文库及序列分析技术可以较完整、系统地揭示环境中细菌群落的结构及其多样性，已成为研究各类环境中原核微生物群落组成结构的重要方法之一（刘驰等，2015）。近几十年来的分子生物学研究表明，只有约 1%的细菌可培养（Logares et al.，2012），更多的细菌只能通过免培养法进行研究（杜爽等，2013）。传统的研究手段如指纹印记、Sanger 测序和聚合酶链式反应-变性梯度凝胶电泳（PCR-DGGE）等分析方法因只能分析丰富度较大的细菌，从而导致调查的菌群结构与实际情况偏差较大（王升跃，2010）。而近些年兴起的 MiSeq 测序，因其免培养的便利性及高通量测序的高效性，可准确地反映生物物种之间的亲缘关系和差异，已得到微生物研究者的广泛关注和运用，该方法可通过对多个样本中的细菌群落结构进行定量分析，较完整、真实地反映出样品中细菌群落结构的基本特征（李存玉等，2015）。

人类对大型动物、陆生昆虫、海洋经济动物等肠道菌群已进行了诸多研究，然而对海洋甲壳类生物，特别是团水虱肠道菌群的认识还十分匮乏，目前还未见关于团水虱肠道菌群多样性的研究报道（胡亚强等，2016）。本实验通过构建 16S rDNA 文库的方法，首次对团水虱肠道菌群的多样性进行了系统分析，初步揭示了不同生长阶段团水虱肠道微生物菌群结构的组成和差异性，以期为进一步了解团水虱食性特征和消化机制，以及为团水虱防治方法的优化和红树林的保护提供理论依据。

2.7.1 基于 16S rRNA 基因测序的细菌多样性

按照 16S rRNA 基因相似性≥97%为一个运算分类单元（operational taxonomic unit，OTU），编号为成体（T1）、稚体（T2）、幼体（T3）的 3 个肠道微生物样品共产生 794 个 OTU，分别划分为 646 个、686 个和 156 个 OTU（表 2-5）。基于随机选取的一定数量的测序序列及其对应的 OTU 种类得到的稀释性曲线（图 2-14），结果表明，测序深度已经基本覆盖到样品中所有的物种，测序结果能够真实地反映样品中优势细菌的数量关系。

表 2-5　基于 16S rRNA 基因序列的细菌多样性指数

样品编号	序列数	序列单元	Chao 指数	ACE 指数	香农指数	辛普森指数
T1	22 650	646	661.12	674	4.58	0.036
T2	22 486	686	697.16	711	4.69	0.035
T3	25 428	156	190.50	198	2.12	0.225

通过样品测序序列计算各样品中细菌多样性指数（表 2-5），其中稚体（T2）肠道细菌有着最高的 Chao 指数（697.16）、香农指数（4.69）、ACE 指数（711）及最低的辛普森指数（0.035），表明其细菌多样性最高；成体和稚体在大类组成方面比较相似，成体细菌丰富度及多样性相对较高，仅次于稚体，高于幼体。幼体样品的香农指数最小（2.12），辛普森指数最大（0.225），表明其肠道内细菌多样性最低。综合分析 3 个样品的细菌多样性，发现菌群样品多样性为稚体＞成体＞幼体，其不同阶段菌群多样性差异显著。

2.7.2 不同生长阶段肠道菌群结构分析

不同生长阶段团水虱肠道菌群结构存在较大差异，对全部样品的有效序列进行归类操作分析，统计不同分类单元所对应的细菌门类及相对丰富度。结果表明，3 个样品共检测到 25 个细菌门类（图 2-15A），包括变形杆菌门（Proteobacteria）、拟杆菌门（Bacteroidetes）、梭菌门（Fusobacteria）等 3 个优势菌。除此之外，还

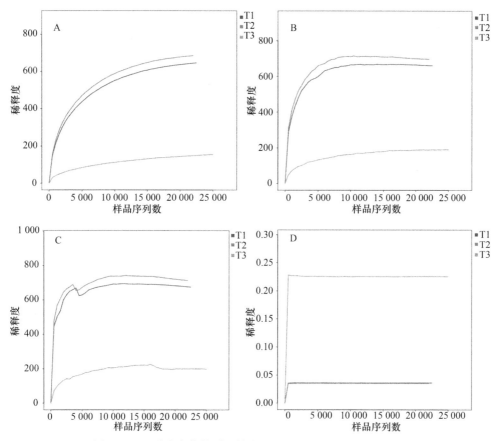

图 2-14　肠道内容物的稀释性曲线（彩图请扫封底二维码）

A. observed species 指数；B. Chao 指数；C. ACE 指数；D. 辛普森指数

包括酸杆菌门（Acidobacteria）、放线菌门（Actinobacteria）、装甲菌门（Armatimonadetes）、衣原体（Chlamydiae）、绿菌门（Chlorobi）、绿弯菌门（Chloroflexi）、泉古菌门（Crenarchaeota）、蓝细菌（Cyanobacteria）、脱铁杆菌门（Deferribacteres）、厚壁菌门（Firmicutes）、GN02、芽单孢菌门（Gemmatimonadetes）、黏胶球形菌门（Lentisphaerae）、浮霉菌门（Planctomycetes）、SBR1093、SR1、软壁菌门（Tenericutes）、栖热菌（Thermi）、疣微菌门（Verrucomicrobia）、WPS-2、WS3、OD1 等含量较低的 22 个门类，除去暂未被确定门类的 8 个 OTU，细菌涵盖的门类较丰富（图 2-15A）。

结果表明，变形杆菌门是 3 个样品共同的优势菌，在幼体、稚体和成体中分别占 51.7%、55.1% 和 51.6%。幼体的变形杆菌门相对丰富度最大，对应 OTU 数量占该样品全部 OTU 的 51.65%，梭菌门在幼体体内占 37.8%，是幼体的次优势菌门，但在稚体和成体体内均低于 2%；成体和稚体的菌群结构组成非常相似，拟杆菌门为其次优势菌门，分别为 38.57% 和 30.21%，其余 OTU 丰富度均低于 5%。成体和稚体的疣微菌门（2.21% 和 2.94%）、浮霉菌门（2.38% 和 4.30%）丰富度明显高于幼体（0.02% 和 0.23%）。

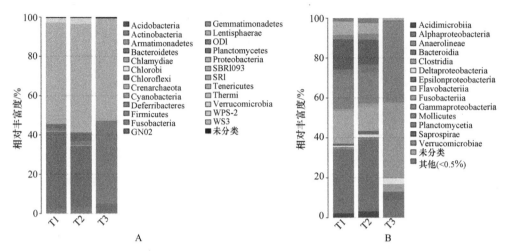

图 2-15　样品中门和纲水平细菌种群结构分布（彩图请扫封底二维码）

A. 门水平；B. 纲水平

Acidobacteria. 酸杆菌门；Actinobacteria. 放线菌门；Armatimonadete. 装甲菌门；Bacteroidetes. 拟杆菌门；
Chlamydiae. 衣原体；Chlorobi. 绿菌门；Chloroflexi. 绿弯菌门；Crenarchaeota. 泉古菌门；Cyanobacteria. 蓝细菌；
Deferribacteres. 脱铁杆菌门；Firmicutes. 厚壁菌门；Fusobacteria. 梭菌门；Gemmatimonadetes. 芽单孢菌门；
Lentisphaerae. 黏胶球形菌门；Planctomycetes. 浮霉菌门；Proteobacteria. 变形杆菌门；Tenericutes. 软壁菌门；
Thermi. 栖热菌；Verrucomicrobia. 疣微菌门

　　筛选出每个样品中相对丰富度最高的前 10 种 OTU 所对应的细菌，在属水平上对每个样品的菌群结构及分布进行统计分析（表 2-6）。结果表明，幼体肠道中可分类的细菌主要是弧菌属（*Vibrio*），占全部 OTU 的 31.78%，其他按丰富度由高到低依次为消化链球菌属（*Peptostreptococcus*）、海杆菌属（*Marinobacterium*）和假交替单孢菌属（*Pseudoalteromonas*），并发现可分解纤维素的厌氧细菌的芽孢梭菌属（*Clostridium*）存在，但含量较低（0.22%）；稚体肠道中主要是铁细菌属（*Winogradskyella*）（3.86%）和海杆菌属（*Marinobacterium*）（3.75%），其他按相对丰富度高低依次为弧菌属（*Vibrio*）、弓形杆菌属（*Arcobacter*）、硫发菌属（*Thiothrix*）、赤杆菌属（*Erythrobacter*）；成体肠道中菌群结构与稚体较相似，主要是铁细菌属（*Winogradskyella*）（5.29%）和弓形杆菌属（*Arcobacter*）（3.68%），其他按相对丰富度由高到低依次为弧菌属（*Vibrio*）、假交替单孢菌属（*Pseudoalteromonas*）、硫发菌属（*Thiothrix*）。大部分属在系统数据库中不能进行对应分类，说明团水虱肠道内具有许多未被发现和待开发的菌株。

表 2-6　各样品细菌属水平种类及相对丰富度

属名	T1/%	T2/%	T3/%
弧菌属	3.18	1.85	31.78
铁细菌属	5.29	3.86	0.01
海杆菌属	3.68	3.75	0.95
消化链球菌属	—	—	3.96
硫发菌属	1.46	1.38	0.11
弓形杆菌属	1.14	1.67	0.06
赤杆菌属	0.75	1.15	0.22
假交替单孢菌属	1.47	0.41	0.51
浮霉状菌	0.68	1.00	0.12
赤杆菌属	0.42	0.75	0.01
芽孢梭菌属	—	—	0.22

注：表格中"—"表示未检出

2.7.3　菌群结构的差异分析

为了进一步探究团水虱菌群结构与不同年龄段之间的关系，本书基于可分类的 25 个不同门类和 11 个属，构建了系统发育树、样品聚类关系树的热图。分析表明，在门（图 2-16A）和属（图 2-16B）水平上，T1 均居于 T3 和 T2 中间，并更趋近于 T2，根据各样品间的菌群进化关系，发现稚体（T2）和成体（T1）肠道微生物进化关系距离较近，而与幼体肠道微生物进化关系差别显著。

运用主成分分析法（principal component analysis，PCA）进行方差分析，将多组数据的差异反映在二维坐标图上，坐标轴能够最大程度地反映方差的两个特征值。例如，样品组成越相似，反映在 PCA 图中的距离越近（刘驰等，2015）。结果显示（图 2-17），以两坐标轴的零基准线为参考，T1、T2 样品与 PC1 的距离相较于 PC2 更近，说明这两个样品受主成分 PC1 的影响较大，占到总影响因子的 94.5%。T3 样品与 PC2 相距非常近，说明该样品中菌群结构受主成分 PC2 的影响更大，占总影响因子的 5.5%。PC1 和 PC2 对样品中菌群结构的影响程度达到总影响因子的 100%，具有良好的代表性。热图和 PCA 结果表明，幼体样品与其他两种样品菌群结构差异显著。

2.7.4　讨论

2.7.4.1　免培养法的优势

16S rDNA 基因的不同区域具有不同的保守度，因此扩增区域的选择会影响多

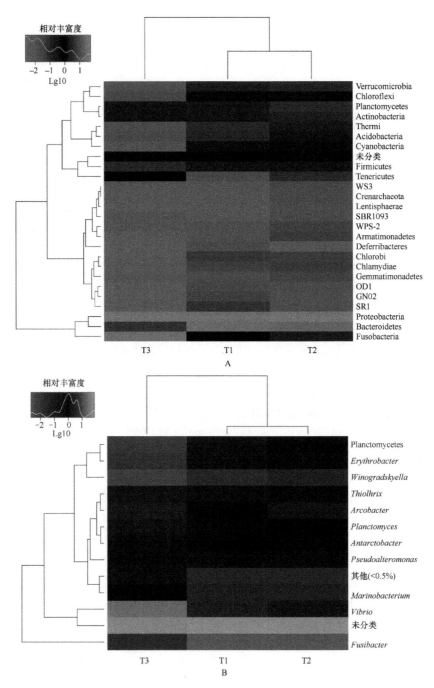

图 2-16 含系统发育进化树的热图（彩图请扫封底二维码）

A. 门水平：注释见图 2-15；B. 属水平：Planctomycetes. 浮霉菌门；*Erythrobacter*. 赤杆菌属；*Winogradskyella*. 铁细菌属；*Thiolhrix*. 硫发菌属；*Arcobacter*. 弓形杆菌属；*Planctomyces*. 浮霉状菌属；*Antarctobacter*. 南极杆菌属；*Pseudoalteromonas*. 假交替单孢菌属；*Marinobacterium*. 海杆菌属；*Vibrio*. 弧菌属；*Fusibacter*. 纺锤状菌属

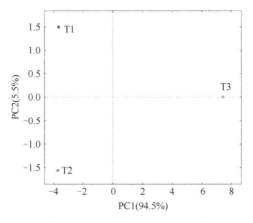

图 2-17　不同样品主成分分析图

样性的分析结果（Engelbrektson et al.，2010）。Sun 等（2013）发现，运用 16S rRNA 基因的菌群多样性进行分析会引起一定程度的高估，且不同区域的 16S rRNA 基因存在不同程度的异质性，造成基于焦磷酸测序的微生物学研究中产生不同程度的多样性高估。为避免这一高估现象，通过比较用于焦磷酸测序的不同区域的测序结果，发现 V4-V5 区域限制了最低的高估程度（约为 3%）。利用 27F/338R（V1-V2）引物，人们发现 Verrucomicrobia 类群在研究的土壤中数量相对较少，但改用 515F/806R（V4）引物后，土壤中该类群的丰富度变大（Bergmann et al.，2011），结合前人经验，本实验最终选取 V4 区作为测序区域。

2.7.4.2　菌群多样性和肠道微生物影响因素

变形杆菌门、拟杆菌门、梭菌门在团水虱肠道中占绝对优势，这与其他海洋经济类动物、海洋甲壳类动物肠道中发现的优势菌群结构相似（王祥红等，2000；Li et al.，2007；Gao et al.，2014）。然而，该文库中梭菌门（Fusobacteria）的 *Virgibacillus koreensis* 是在其他克隆文库所未见到的，这可能跟物种差异有关。跟陆生白蚁肠道的优势菌群比较发现，拟杆菌门（Bacteroidetes）、变形杆菌门（Proteobacteria）都是二者优势菌之一（Ohkuma et al.，2002；Shinzato et al.，2007），但白蚁的厚壁菌门（Firmicutes）、螺旋体门（Spirochaetes）同样具有优势，这可能与海洋陆地生存环境差别显著导致特定菌群的变化有关（Rosa et al.，2001）。本研究结果显示厚壁菌门在稚体、成体中丰富度均较大，幼体丰富度极低，这与 Abdallah 等（2011）在人类肠道菌群的研究结果——厚壁菌门与机体体重调节关系密切，厚壁菌门菌群可能直接参与了团水虱的生长活动相似。从团水虱肠道分离得到的数量较多的弧菌属、假单胞菌属、芽孢杆菌属为海水中主要的细菌，这些细菌很可能是在团水虱进食时进入肠道内的，进而成为肠道中的常住菌群。

2.7.4.3 团水虱食性

从蛀木团水虱体内分离出了可编码纤维二糖水解酶的 *gh7* 基因，表明其幼体和稚体的内源性基因可能参与调控产生纤维素酶（Kinga et al.，2010）。Benson 等（1999）利用实验室喂养的数据表明，在以纯纤维素作为食物的条件下，有孔团水虱幼体比不投喂的个体存活时间更长。Timothym 等（2008）发现团水虱幼体和稚体后肠内具有消化木质纤维素的纤维素酶。邱勇等（2013）对团水虱的肠道纤维素酶活力进行测定，结果表明其肠道纤维素酶活力为稚体＞幼体＞成体。上述研究说明团水虱可以以纤维素为食，而幼体肠道内纤维素酶活力可能更高，这一结果与本书研究结果显示的幼体肠道微生物的特殊性一致，这可能与幼体生活在木头内部、活动范围较小，摄食浮游生物能力有限有关。纤维素可以由团水虱自身产酶分解，也可由特定微生物完成，这类细菌多见于腐殖土中（Prescott et al.，2010），团水虱生长环境和腐殖土相似，且肠道处于间歇性的缺氧条件下，厌氧性的芽孢梭菌属（*Clostridium*）、产琥珀酸拟杆菌（*Bacteroides succinoge-nes*）、溶纤维丁酸弧菌（*Butyrivibrio fibrisolvens*）等细菌在分解纤维素过程中可能具有重要作用。结果表明，团水虱幼体肠道内菌群组成细菌明显区别于其他两个年龄段，而芽孢梭菌属（*Clostridium*）被证明存在。这可能表明团水虱幼体肠道菌群具有分解纤维素的能力，但上述菌群的作用分工还需进一步研究。本次测序结果在属水平上，有 70%以上的细菌为新发现的，因此，下一步重点将放在挖掘幼体肠道纤维素微生物基因的宏基因组研究上，以期深入了解团水虱肠道微生物在纤维素消化上的具体分工。

2.7.4.4 团水虱的防治

团水虱口器具有两个坚硬的钳子，能轻易钻穿红树林根茎，而且可利用纤维素（Benson et al.，1999），这种特殊的生活习性使其给近海岸红树林造成了严重伤害（于海燕和李新正，2003）。中国研究者在团水虱虫害防治上已经做了大量工作，对海南、广东等地的红树林运用了烟熏、涂药等多项防控技术（林华文和林卫海，2013），但受台风、潮沙等影响，防治效果不甚理想，故寻找高效环保的防治方式成为研究热点之一。研究发现，与团水虱生活习性类似的陆生白蚁等生物肠道内微生物具有密集的共生体，能帮助其消化顽固的木质纤维素，对白蚁的生长具有重要作用，用生物方法消除肠道细菌后，可使白蚁很快死亡（Zhou et al.，2007；相辉和周志华，2009）。上述通过调节肠道菌群来防治白蚁的策略为海洋蛀木生物的防治提供了思路（Cheng et al.，2007；赵凯等，2012），通过从抗团水虱肠道菌群植物中分离得到的内生菌生物发酵合成的代谢产物，生产高效、无毒、残留效期长、对环境影响小的肠道微生物调节剂来杀灭团水虱，将成为未来团水虱防治剂发展的重要方向。

2.8 团水虱线粒体基因组全序列及其系统进化

有孔团水虱样品采自于中国广西北海廉州湾的红树植物中，样品用 95%乙醇进行保存，Omega 试剂盒（SQ Tissue DNA Kit）提取总基因组，illumina 高通量测序。采用 Dogma（Wyman et al.，2004）软件和同源序列比对方式注释线粒体 DNA 全序列的蛋白质编码基因，所有的 tRNA 基因用 tRNAscan-SE1.2.1（Lowe and Chan，2016）、Dogma（Wyman et al.，2004）和 ARWEN（Laslett and Canback，2008）的默认设置进行寻找，并用 RNAstructure 5.2 软件（Reuter et al.，2010）进行二级结构折叠检验。以 *Metacrangonyx longipes* 作为外群，用 11 种等足目线粒体 DNA 的 13 个蛋白质编码基因氨基酸序列进行同源比对，按顺序拼接后，用 PhyML 3.0（Guindon et al.，2010）在线软件，以 MtArt 模型为进化模型，进行 100 次 Bootstrap 重复抽样，构建 ML 系统进化树。

有孔团水虱线粒体 DNA 序列的全长为 15 540 bp（GenBank Accession No. MK460228），其核苷酸组成为 30.1% A、14.9% C、21.3% G、33.7% T，包含 13 个蛋白质编码基因、21 个 tRNA、2 个核糖体 RNA 及 1 个控制区，此外，还有 2 个大于 200 bp 的功能未知片段。有孔团水虱的蛋白质编码基因 *COX1-3*、*ATP8+6*、*ND2*、*ND3*、*ND5*、*ND6* 由 H 链编码，*CYTB*、*ND1*、*ND4*、*ND4L* 由 L 链编码，其蛋白质编码基因的排列方式与等足目 *Ligia oceanica* 的相同（Kilpert and Podsiadlowski，2006）。除了 *ND3* 基因以 GTG 作为起始密码子，*COX1* 基因以 ACG 作为起始密码子，其他的蛋白质编码基因均以 ATN 作为起始密码子。所有的蛋白质编码基因均以典型的 TAA、TAG、T--作为终止密码子。*COX1* 基因以 ACG 作为起始密码子这一现象虽然在后生动物线粒体基因组中不常见，但在软甲纲中较为常见（Kilpert and Podsiadlowski，2006，2010）。12S rRNA 和 16S rRNA 分别长 739 bp、1227 bp。21 个 tRNA 的基因长度范围为 51～66 bp，其中缺少一个 tRNA-Gly，在非编码区和控制区均未找到 tRNA-Gly 的二级结构。除了 tRNA-Leu（TAG）、tRNA-Cys、tRNA-Ile 的 D 茎（取而代之的是简单的环），其他的 tRNA 均可以折叠成典型的三叶草结构。控制区位于 tRNA-Gln 和 tRNA-Glu 之间，长度为 742 bp，A+T 含量较高，为 68.6%。

在 ML 系统发育树中，大多数节点都获得了很好的支持（图 2-18）。等足目中的 11 个物种隶属于 5 个亚目（Phreatoicidea、Asellota、Oniscidea、Valvifera、Flabellifera），其中 Phreatoicidea 亚目处于等足目的基部分支上。有孔团水虱与 *Sphaeroma serratum* 聚集到一起［具有较高的支持率（100%）］，然后 *Eurydice* *pulchra*聚集到这个分支上(图2-18)。有孔团水虱与*Sphaeroma serratum*和*Eurydice pulchra* 这两个物种均隶属于等足目中的扇肢亚目，这与形态分类学一致(Liu，2008；Yu et al.，2003)。另外，Oniscidea 亚目的 *Ligia oceanica* 聚集到 Valvifera 和 Flabellifera 这两支，与形态分类学有出入。因此，有关等足目分类的关系还需要深入研究更多物种。

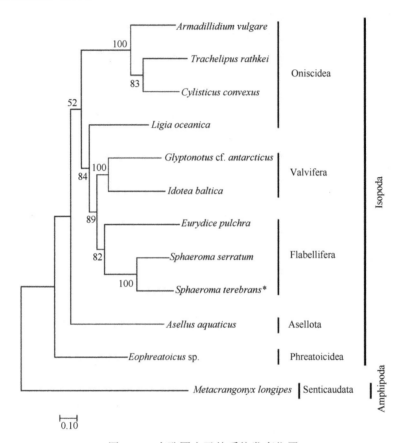

图 2-18　有孔团水虱的系统发育位置

Metacrangonyx longipes（AM944817.1）作为对照组。11 种来自等足目的动物及其基因编号分别是：*Sphaeroma terebrans*（No. MK460228，asterisked），*Sphaeroma serratum*（GU130256.1），*Eurydice pulchra*（GU130253.1），*Glyptonotus* cf. *antarcticus*（GU130254.1），*Idotea baltica*（DQ442915.1），*Ligia oceanica*（NC_008412.1），*Cylisticus convexus*（KR013002.1），*Trachelipus rathkei*（KR013001.1），*Armadillidium vulgare*（GU130251.1），*Asellus aquaticus*（GU130252.1），*Eophreatoicus* sp.（FJ790313.1）。*为本研究的目标物种

第3章　红树林湿地环境与团水虱对红树林的危害

长期以来，地处热带和亚热带海岸潮间带的红树林群落正经历着严重的退化过程（Alongi，2002）。在发展中国家，红树林的退化速度甚至超过很多其他热带树种（Rakotomavo and Fromard，2010）。人类活动对红树林生态系统服务功能的影响可分为积极影响和消极影响。积极影响主要有生态系统管理、生态工程、生态恢复与重建、生态评价与规划等；消极影响包括围垦、砍伐、采矿、捕捉动物、海水养殖、污水排放、旅游等（伍淑婕和梁士楚，2008）。我国沿海区域海岸带仅占国土面积的13%，却承载着约40%的全国人口，创造了约 60%的 GDP（赵晓涛等，2008）。沿海区域经济的高速发展和快速的城市化建设直接吞噬及影响着滨海红树林湿地生态系统，土地利用的变化和陆源污染物的大量输入致使红树林面积不断缩减、生态功能急剧衰退（Reddi et al.，2003）。

正是这些频繁的人类活动，使得红树林湿地环境发生激烈变化，失去生态平衡，导致与红树林长期和谐相处的部分生物种群暴发、危害成灾，团水虱暴发成灾就是其中一例。

3.1　红树林急速退化的空间分布特征及其影响因素分析

影响团水虱分布的因素复杂多样，既包括红树林的群落特征、立地条件（地形因子、水质因子），也包括陆源污染物的输入等人类活动的扰动。而目前学者对影响团水虱地理分布的相关环境因子尚未形成确定的结论（孙艳伟等，2015）。Brooks 等（2004）认为佛罗里达湾北部红树林中团水虱的分布与温度、盐度、pH等水质因素没有显著性关系，并认为其他钻孔动物对团水虱的分布有一定的限制作用。邱勇等（2013）认为东寨港红树林区水体中总氮、总磷含量和浮游生物量是影响光背团水虱分布的主要水质因子，并且网纹藤壶是光背团水虱在垂直分布上的限制因素。本书借助 5 期 Landsat 卫星影像及近期高分辨率航拍数据，结合实地踏勘调查，对整个东寨港红树林群落的退化特征及其空间分布规律进行了系统的调查研究，同时还进一步深入分析了地形及陆源污染物的输入强度等环境因子对红树林群落退化的影响。

3.1.1 近30年红树林面积动态变化

利用1987年、1999年、2004年、2009年和2013年5期的Landsat卫星影像，提取得到东寨港近30年来红树林的空间分布特征和面积动态变化情况（表3-1，图3-1）。从统计结果来看，近30年来东寨港红树林面积呈现先增加后缩减的趋势，

表3-1　1987～2013年东寨港红树林面积变化情况

年份	红树林面积/hm²	面积变化率/%	斑块数量/个	养殖塘面积/hm²
1987	1537.5	—	114	59.1
1999	1709.4	11.18	156	884.1
2004	1688.3	−1.23	197	1387.3
2009	1683.9	−0.26	208	1956.1
2013	1679.5	−0.26	221	1986.9

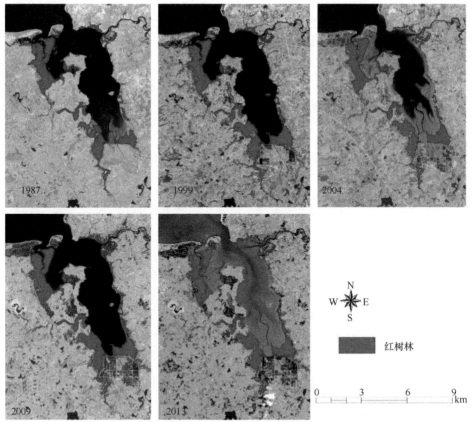

图3-1　1987～2013年东寨港红树林分布动态变化（彩图请扫封底二维码）

同时斑块破碎化不断加剧。自 1986 年东寨港升级为国家级红树林自然保护区以后，随着管理力度的加强，红树林得到保护和恢复。至 1999 年，整个港湾红树林面积达到 1709.4 hm²，与 1987 年相比面积增加了 11.18%。但自此以后，在经济利益的驱使下，港湾内围垦、毁林建塘、过度旅游开发等现象不断涌现，红树林滩涂区域不断被挤占和破坏，致使红树林面积不断缩减。自 2009 年以来，局部区域团水虱危害严重，进一步加剧了红树林群落的退化。截至 2013 年，东寨港红树林面积约为 1679.5 hm²，与 1999 年相比减少了 29.9 hm²，年均减少 2.1 hm²。另外，遥感影像判读结果显示，沿海岸线 2 km 缓冲区范围内，周边养殖塘面积由 1987 年的 59.1 hm² 增至 2013 年的 1986.9 hm²，整整增加了 33 倍。

如图 3-1 所示，红树林斑块面积的缩减主要表现为斑块边缘萎缩和潮沟切割所致的斑块内部退化。在海岸带开发过程中，对河流-潮汐通道进行截弯取直的活动及旅游船舶引起的频繁巨浪都造成红树植物的死亡和退化（薛春汀，2002）。岸边畜禽养殖、陆源污染的排放及东寨港的旅游开发等人类开发活动改变了红树林生态系统的生境、结构和生物地球化学循环，从而引起了生态系统服务功能的降低。潮沟是海陆物质交换的主要通道（范航清等，2014）。自1987 年以来，同一红树林斑块内部的潮沟呈增多的趋势，这直接导致斑块割裂为几个，破碎化加剧。

3.1.2　红树林群落退化特征分析

3.1.2.1　红树林退化群落的空间分布特征

自 2009 年以来，团水虱大量暴发，导致部分区域红树林大面积枯死，红树林湿地生态系统退化严重。东寨港红树林可分为河流型红树林群落（演丰东河片区）和前沿型红树林群落（塔市、三江片区）两个类型。经过全面实地踏勘调查及对近期高分辨遥感影像进行分析，显示东寨港红树林区范围内团水虱危害地理空间分布广泛。在东寨港河流型红树林分布中，河流中下游红树林群落退化严重。同时，近海湾的前沿地段退化群落也有零星分布。由团水虱蛀蚀形成的大小不等的林窗斑块共 27 块，总枯死面积约为 4 hm²，年均枯死面积达到 0.8 hm²（图 3-2）。从空间分布来看，塔市红树林片区出现 4 个斑块（0.738 hm²），分布于靠近陆地一侧，主要危害树种为白骨壤；演丰东河红树林片区出现 21 个斑块（3.17 hm²），分布于河流的中下游区域，主要危害树种为木榄、海莲、尖瓣海莲等处于演替后期的树种；三江红树林片区出现 2 个斑块（0.087 hm²），分布于潮滩前沿，主要危害树种为秋茄。以上结果说明，对于河流型红树林群落，处于地带性演替后期的树种是团水虱危害的主要对象。

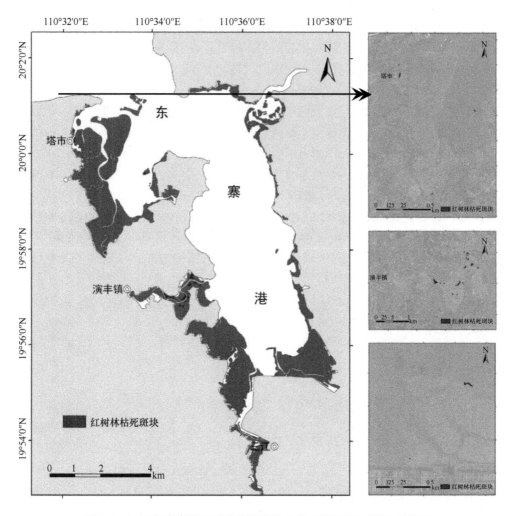

图 3-2   2013 年东寨港红树林枯死斑块分布（彩图请扫封底二维码）

3.1.2.2   不同树种的退化特征

典型样方调查显示，几乎所有调查样方均出现不同程度的退化，但河流型红树林群落与前沿型红树林群落不同树种的退化程度呈现出差异性（表 3-2）。对于河流型红树林群落，演丰东河片区不同树种的退化程度由重到轻依次为：木榄（28.8%）>尖瓣海莲（10.7%）>海莲（10.4%）>秋茄、红海榄；对于前沿型红树林群落，塔市片区白骨壤群落和三江片区秋茄群落的退化率都为 15%。分析表明，团水虱对红树林不同树种的蛀蚀具有选择性。

表 3-2　各样地的群落退化特征

样地位置	树种	退化等级						退化率/%
		健康	1 级	2 级	3 级	4 级	5 级	
演丰东河沿线	海莲	28	24	34	9	1	0	10.4
	红海榄	1	2	0	0	0	0	0
	尖瓣海莲	10	12	3	1	2	0	10.7
	木榄	13	18	16	12	6	1	28.8
	秋茄	1	2	1	0	0	0	0
塔市	白骨壤	5	11	1	0	1	2	15
三江	秋茄	2	21	11	6	0	0	15
总计		60	90	66	28	10	3	

注：依据树木主干、气生根的蛀蚀程度及枝叶凋落程度将树种退化程度划分为 6 个等级，退化等级由低到高依次为健康、1 级、2 级、3 级、4 级和 5 级，退化等级越高表明树木的蛀蚀程度越严重

3.1.2.3　群落特征与退化特征的相关性

红树林群落特征在一定程度上反映了红树林的生长状况，是红树林群落退化的直观反映。红树林群落的退化特征可采用死亡率和退化率两个指标来表达。典型样方的 Spearman 相关性分析显示，样方的死亡率与种群密度和群落多样性指数（香农-维纳指数）呈显著正相关，而与郁闭度、平均胸径及平均冠幅相关性不显著；样方的退化率则与郁闭度呈显著负相关，而与其他指标相关性不显著（表 3-3）。以上结果表明，处于地带性演替后期的红树林群落更易遭受团水虱的蛀蚀而死亡，而郁闭度是群落退化程度的直观反映。

表 3-3　各样地的群落特征与退化特征相关性分析

退化特征值	种群密度	郁闭度	香农-维纳指数	平均胸径	平均冠幅
死亡率	0.601**	0.170	0.481*	−0.271	−0.250
退化率	−0.315	−0.612**	0.203	−0.045	0.114

注：*代表 0.05 水平显著性；**代表 0.01 水平显著性

3.1.3　红树林退化程度与环境因子的关系

海湾是人类活动最为密集的区域之一。随着人类对海湾开发进程的加快，人类活动对红树林湿地生态系统的扰动也日益加剧。红树植物的生长不仅受到滩涂高程、地形及淹水时间等生境立地条件的影响，同时也受到人类活动产生的陆源污染物输入的影响。本书深入分析了红树林生长的地形因子和陆源污染物的输入

强度与红树林退化程度之间的关系。

3.1.3.1 立地条件与退化程度的关系

应用 GIS 软件的空间分析功能，采用 DEM 数据分别提取了典型样地所处地理网格的高程、坡度及坡向等地形因子的数值。相关性分析结果表明，样地的死亡率与地表高程呈显著负相关关系，而与坡度及坡向相关关系不显著（表 3-4）。在现场踏勘调查过程中也发现，地形低洼处、小排污口及潮沟两侧红树被蛀蚀的程度更为严重。由此可见，污染物传输通道的边缘及地形低洼的沉积区更易受到团水虱的危害，这与范航清等（2014）的研究结论一致。

表 3-4　各样地的地形因子与退化特征相关性分析

退化特征值	高程	坡度	坡向
死亡率	−0.468[*]	−0.350	0.046
退化率	0.035	−0.202	−0.011

注：*代表 0.05 水平显著性；$n=28$

滩涂表面的相对高程是影响红树植物分布的关键生境因子，直接导致红树植物淹没深度和水淹时间的差异。演丰东河片区红树林群落以木榄、海莲等演替后期树种为优势种，而这些树种更适宜较高潮滩的生境生长（廖宝文等，2010）。放养鸭群对表层土壤的松动、高位养殖塘排污口排放污水的冲刷等都会导致局部地形的降低，退潮时凹陷地表形成的积水会使红树林水淹时间变长，长时间的淹水不仅超出了红树植物的忍耐程度，而且给团水虱提供了更多的滤食时间，导致团水虱数量增长，进而更快更多地破坏红树植物的呼吸根及树干基部（徐蒂等，2014）。而随着根系不断被蛀蚀和腐烂，地表又会进一步发生沉降，最终导致红树林退化程度不断加重。此外，典型样地调查结果还表明，红树植物的枯亡与所处地理位置的坡度和坡向关联不大。

3.1.3.2 陆源污染物输入强度与退化程度的关系

陆源污染物的输入已经成为近岸海域污染的主要来源。其中，总氮（TN）、总磷（TP）等陆源营养物质的大量输入是导致海水富营养化的主要原因，水体中总氮、总磷含量和浮游生物量也是影响光背团水虱分布的主要水质因子。对于东寨港地区，陆源营养物质一部分来源于海湾周边大面积的耕地、林地等产生的面源污染物，另一部分来源于养殖塘换水和渗漏输出的污染物，并且这部分污染物占到营养物质输出总量的四成以上。近年来，东寨港周边养殖塘数量呈现快速增加的趋势，大量营养物质的输出正不断污染临近海域。水体的富营养化又进一步加剧了沿岸红树林的退化。

　　为分析陆源污染物的输入对红树林退化的影响，本书将陆源 TN、TP 输入强度图层与红树林枯死斑块图层进行叠加，从而来直观表达陆源污染物的输入强度与红树林退化斑块之间的空间匹配关系。如图 3-3 所示，从空间位置关系上来看，红树林枯死斑块与陆源 TN、TP 输入强度高值区具有很好的对应关系。整体上来看，红树林枯死斑块所对应的陆源 TN 输入强度为 $1.1\sim3.6\ t/km^2$，高于此区域 TN 平均输入强度为 $0.9\ t/km^2$；而陆源 TP 输入强度为 $0.24\sim0.35\ t/km^2$，高于此区域 TN 平均输入强度为 $0.2\ t/km^2$。

　　图 3-4 为演丰东河流域陆源污染物输入强度与红树林枯死斑块的空间关系。由图 3-4 可知，红树林枯死斑块主要分布于演丰东河中下游区域，与陆源 TN、TP 输入强度高值区具有较好的一致性。上述结果表明，周边陆源营养物质的输入强度是影响红树林退化群落分布的重要因素。

3.1.4　讨论

　　近海岸带的红树林生态系统具有极其重要的生态价值和环境价值。但大量研究表明，气候变化、病虫害等自然因素及无序的海岸带开发已经造成红树林资源的大面积缩减。从宏观的视角，定量分析典型区红树林群落的急速退化特征及其影响因素，可为我国红树林资源的保护及生态恢复提供科学依据。海南东寨港是我国最典型、最原始的天然红树林分布区，是研究红树林生态系统保护和恢复的理想场所。多期遥感影像的判读分析显示，近 30 年以来，东寨港红树林面积经历了先增长后减小的变化趋势，红树林斑块亦呈现破碎化趋势。人类活动对海岸带扰动强度的增加是导致红树林斑块面积缩减及景观破碎化最直接的原因。自 1980 年东寨港红树林自然保护区成立以来，保护区管理局采取了多项切实可行的保护和恢复措施，对保护当地红树林生态系统的多样性、完整性起到了至关重要的作用。

　　从空间分布上来看，红树林枯死群落主要分布于地形低洼的积水处或污染物传输通道两侧；河流型红树林生态系统受到团水虱的危害最为严重，同时近海湾的前沿地段也出现一定程度的危害现象。实地样方调查数据显示，团水虱危害呈现明显的"种群选择性"，即木榄、尖瓣海莲等处于地带性演替后期的红树林群落更易遭受团水虱的蛀蚀而死亡。结合 GIS 空间对应关系分析发现，沿海陆源氮磷营养物质的输入强度是影响红树林退化和群落分布的重要因素。东寨港红树林区周边近 $2000\ hm^2$ 的养殖塘是陆源污染物的一个主要来源，每年向近海排放大量氮磷营养物质及消毒剂等污染物，对红树林生态系统的健康构成严重威胁。因此，位于地形低洼的积水区、潮沟两侧及污水排放口等特殊地理位置的红树林群落应该是今后防控红树林退化的重点区域。

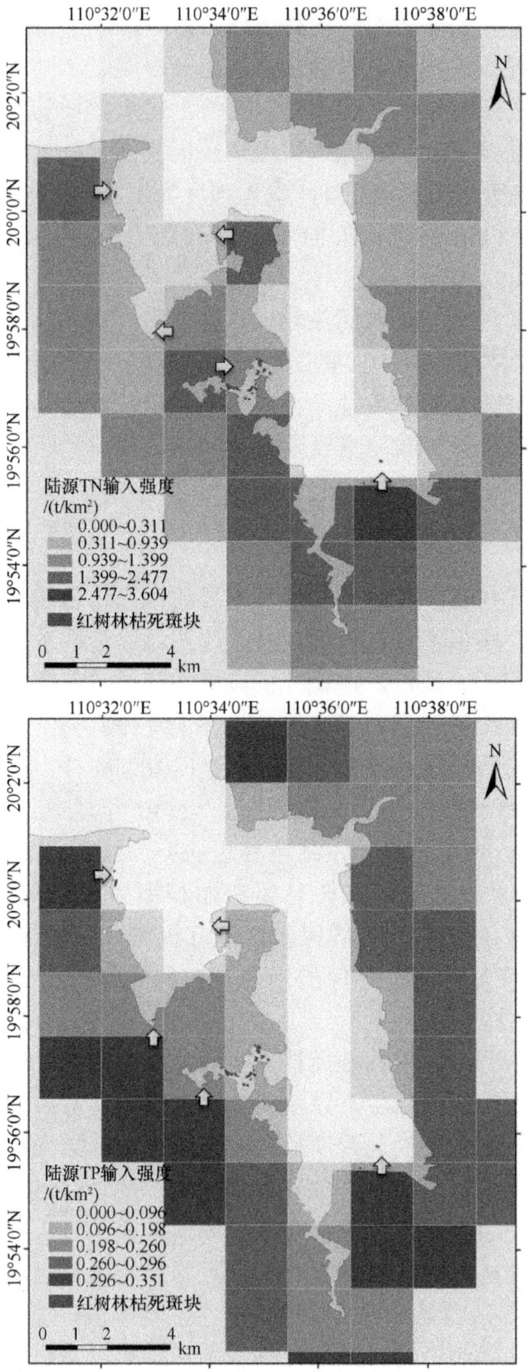

图 3-3　东寨港陆源污染物输入强度与红树林枯死斑块空间关系（彩图请扫封底二维码）
图中箭头代表污染物输出方向

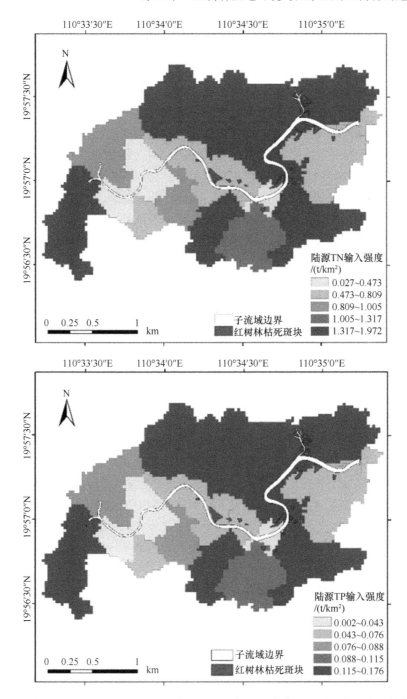

图 3-4　演丰东河流域陆源污染物输入强度与红树林枯死斑块空间关系（彩图请扫封底二维码）

3.2　红树林群落退化特征与土壤理化性质的相关关系

海南东寨港是我国主要的湿地类型的自然保护区，它拥有丰富的红树林资源（方宝新和但新球，2001），是我国目前保存最为完整的红树林保护区，同时也是国际性迁徙水禽的重要停歇地。红树林受团水虱危害最直接的表现为：树干基部和呼吸根遍布密集孔洞，并因团水虱进一步向红树内部钻凿、蛀穴，根部向上运输营养物质及水分等受阻，树冠叶片发黄凋落。当红树根部大面积被蛀空，红树在风浪冲击下极易倒伏死亡（黄威民等，1996；廖宝文等，2007），团水虱对红树林造成巨大危害，因此引起了政府和社会的高度关注。

东寨港红树林大片死亡是中国首个团水虱致死红树林事例。关于团水虱危害造成的红树林退化与群落郁闭度、根系密度和土壤理化性质的关系还未见报道。本书对东寨港红树林退化状况及退化红树林群落的土壤理化性质进行了调查研究，并分析了它们之间的相关关系（王荣丽等，2015），以期为防治团水虱和保护红树林做贡献。

3.2.1　样地设置与群落调查

通过实地踏查，发现退化红树林主要分布在保护区长宁河两岸，根据林分退化状况分别在长宁河上游、中游西岸、中游东岸和下游设置了 4 个样地，由于红树林退化的边界线明显，因此于每个样地分别设置已退化红树林（样方Ⅰ）、交界处红树林（样方Ⅱ，交界处样方是由边界线向已退化和未退化区域各 5 m）和未退化红树林（样方Ⅲ，对比样方）3 个样方，每个样方面积为 10 m×10 m。然后对每个样方进行群落调查和水位监测（HOBO 钛金 U20-001-01-Ti 水位计），调查内容包括植物种类、生长状况等级（1～5 级，具体如下）、株数、高度（m）、盖度、胸径（cm）及林下呼吸根数量，并计算了退化率（%），水位监测频率设置为15 min/次，连续记录 30 d。

样木生长状况可分为 5 个等级，具体如下。

1 级：红树已经死亡。

2 级：红树退化严重，80%以上的树枝枯死，呼吸根全部死亡，呼吸根和红树根部有密集的虫孔。

3 级：红树退化中等，50%～80%的树枝枯死，大部分呼吸根死亡，呼吸根和红树根部有较少的虫孔。

4 级：红树退化较轻，20%～50%的树枝已经枯死，呼吸根保存完好，呼吸根和红树根部有比 3 级更少的虫孔。

5 级：红树没有出现退化，呼吸根保存完好，呼吸根和红树根部几乎没有虫孔。

退化率（有明显的退化症状）＝（1 级+2 级+3 级）／样方内总株数×100%。

3.2.2　红树林群落退化特征

各样方内的优势树种均为海莲和木榄，退化树种胸径范围为 1.27～35.03 cm，树高为 1.8～7 m（表 3-5）。红树林群落退化特征值如表 3-6 显示，样地一中样方 I 退化现象极其严重，样方内红树受害等级均为 1 级，死亡率和退化率均达到 100%；样方 II 中部分样木出现退化现象，退化率为 27.27%；而样方 III 退化率为 0，即没有出现退化现象。样地二中样方 I 退化率达到 86.36%，样方中生长有少量红海榄，而样方 III 仅有 31.25% 的样木出现退化现象。样地三中样方 I 死亡红树样木株数占总株数的 81.82%，退化率为 100%，样方 II 和样方 III 的红树林群落退化率分别达到 89.47% 和 82.35%，样地四中样方 I 和样方 II 的退化率均为 66.67%。

表 3-5　各样地群落特征

样地	样方	胸径范围/cm	胸径中位数/cm	树高范围/m	树高中位数/m	郁闭度	呼吸根数量/(个/m²)
样地一	I	9.24～33.76	11.62	3.5～6.5	5.25	0	0
	II	5.41～35.03	13.30	3～6.5	6	0.6	10
	III	6.85～22.29	16.64	5.5～7	6	0.7	38.3
样地二	I	5.10～25.16	15.45	3.5～6	5	0	0
	II	3.66～21.02	10.27	3～6.3	5.4	0.7	16
	III	2.87～29.14	8.60	2.5～7	5	0.8	34.3
样地三	I	5.25～21.16	7.64	2.5～5.5	3.5	0	1.5
	II	1.43～21.02	12.50	3.8～6	5	0.4	15.8
	III	1.27～25.16	13.30	1.8～5.5	5.5	0.7	30.3
样地四	I	4.78～25.16	9.39	4～7	6	0.2	7.3
	II	4.62～23.25	13.38	2～7	6.75	0.3	22.3
	III	7.31～22.93	14.01	5.5～6.6	6	0.8	49.6

表 3-6　各样地退化特征值

样地	退化率/%			死亡率/%		
	I	II	III	I	II	III
样地一	100	27.27	0	100	9.09	0
样地二	86.36	56.67	31.25	59.09	40	25
样地三	100	89.47	82.35	81.28	42.11	35.29
样地四	66.67	66.67	31.25	37.5	8.33	3.13

注：退化率（有明显的退化症状）＝（1 级+2 级+3 级）/样方内总株数×100%

图 3-5 和图 3-6 显示，退化群落死亡率、退化率与群落郁闭度呈极显著负相关关系，回归方程分别为 $Y_{退化率}=-79.031x+96.402$（$R=0.757$，$P<0.01$）；$Y_{死亡率}=-76.248x+70.456$（$R=0.760$，$P<0.01$）。死亡率和退化率均与单位面积呼吸根数量呈显著负相关，回归方程分别为 $Y_{死亡率}=-1.4356x+63.745$（$R=0.751$，$P<0.01$），$Y_{退化率}=-1.3671x+87.174$（$R=0.687$，$P<0.05$）。

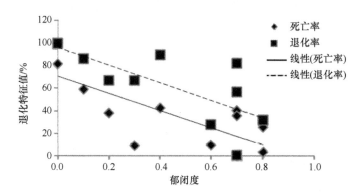

图 3-5　郁闭度与退化特征值的线性关系

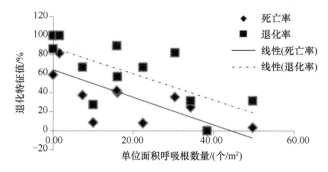

图 3-6　单位面积呼吸根数量与退化特征值的线性关系

3.2.3　红树林退化与土壤物理性质的相关性分析

从表 3-7 可知：东寨港红树林退化特征值与上层土壤物理性质均未达到显著相关水平，但相关系数偏大，这可能是土壤表层经常受到海水的冲刷，以及人为活动干扰较大的缘故。红树林退化率与下层土壤毛管孔隙度达到极显著相关水平；死亡率与下层土壤容重、总孔隙度、毛管孔隙度均达到显著相关水平。

3.2.4　红树林退化与土壤化学性质的相关性分析

从表 3-8 可知，东寨港红树林退化特征值与土壤的化学性质相关性均较差，

表 3-7　土壤物理性质与退化特征值的相关关系（R）

土层/cm	退化特征值	砂粒（0.02～2 mm）	粉粒（0.002～0.02 mm）	黏粒（<0.002 mm）	容重	总孔隙度	毛管孔隙度	非毛管孔隙度
上层（0～30）	死亡率	−0.068	0.154	−0.031	−0.532	0.531	0.503	0.064
	退化率	0.382	−0.342	−0.389	−0.555	0.552	0.572	0.019
下层（30～60）	死亡率	−0.142	0.318	−0.052	−0.593*	0.598*	0.705*	−0.021
	退化率	0.201	−0.067	−0.308	−0.534	0.538	0.850**	−0.2

注：**<i>P</i><0.01，*<i>P</i><0.05

表 3-8　群落退化特征值与土壤化学性质的相关关系（R）

土层/cm	退化特征值	pH	盐分	有机质	全氮	碱解氮	有效磷	速效钾
上层（0～30）	死亡率	0.029	0.321	0.145	0.433	0.268	0.361	0.620*
	退化率	0.075	0.059	0.056	0.212	0.21	0.089	0.37
下层（30～60）	死亡率	0.391	0.082	0.021	0.243	0.047	0.511	0.292
	退化率	0.152	0.161	0.331	0.019	0.399	0.39	0.064

注：*<i>P</i><0.05

红树林死亡率仅与上层土壤的速效钾含量达到显著相关水平，但红树林土壤由于受潮汐作用的影响，速效钾在土壤中的含量非常不稳定，将其作为导致红树林退化的因子是不恰当的。通过退化特征值与土壤化学性质的相关性分析可得：东寨港已退化红树林区域与未退化红树林区域的土壤养分无显著差异，土壤化学性质与红树林退化无显著相关性。

3.2.5　讨论

由于团水虱的危害，海南东寨港红树林呈现明显的退化趋势，最大退化率和死亡率均达到100%。海莲木榄胸径1.27～35.03 cm，树高1.8～7 m均有受害。群落郁闭度和呼吸根数量是红树林退化的直观反映。随着退化程度的加深，群落郁闭度和单位面积呼吸根数量呈现明显降低的趋势，并与退化特征值呈现极显著相关。其退化机制为：当红树林遭到团水虱钻凿后，树干根部和呼吸根被蛀蚀成蜂窝状，根系结构被破坏（Simberloff et al.，1978；Ribi，1982），根系形成减少，根系萎缩加快（Perry，1988；Ellison and Farnsworth，1990），进而使得红树植物营养元素或水分吸收受阻，导致树冠叶片大量枯黄凋落，被蛀蚀严重的红树因缺乏根系支撑而倒伏死亡。红树植物根系一旦被蛀蚀，根系生长速度将会减缓55%（Wilkinson，2004）。

针对团水虱暴发的原因，Radhakrishnan等（1987）没有发现钻孔团水虱的分布与盐度和水温有任何相关性。总氮、总磷含量是影响红树林退化的关键水质因子（邱勇等，2013）。有研究表明，在海区环境退化的背景下，人类鸭塘、虾塘养殖及过度捕捞经济动物导致东寨港团水虱暴发，进而危害红树林，造成红树林大面积退化（范航清等，2014）。然而，近海环境退化只能说是东寨港团水虱暴发的一个背景。造成团水虱暴发的原因还有气候、天敌的影响，东寨港红树林自然保护区内饲养的家鸭大量捕食红树林底栖动物，进而造成团水虱天敌减少。同时，家鸭排放的粪便也是有机污染的重要来源，鸭子的活动使表层淤泥松动并造成红树林局部生长环境的改变，以及罗牛山养猪场、养虾塘及生活污水的排放，人类肆意捕捞红树林海洋经济动物等众多原因为团水虱的暴发提供了可能（范航清等，2014；林华文和林卫海，2013）。团水虱分布还与所处河段位置有关，在河流拐弯处，污染物因滞留浓度比较高，红树受害比较严重。目前，东寨港国家级自然保护区内已关闭有影响的养猪场、养鸭塘及养虾塘，对沿岸的海餐馆也进行了治理，从源头上进行了控制。

海南东寨港红树林生态系统呈现明显的退化趋势，但就目前东寨港红树林生态系统退化程度来讲，退化区域与未退化区域土壤的化学性质无显著差异，这可能由于短期内土壤化学元素还没有流失；红树林退化区域上层土壤（0～30 cm）可能因经常受海水冲刷和人为扰动，与红树林退化特征值无显著相关关系；红树林退化率与下层土壤（30～60 cm）毛管孔隙度达到极显著相关水平，死亡率与土壤容重、总孔隙度、毛管孔隙度均达到显著相关水平。随着受害红树林群落退化程度的加剧，土壤容重逐渐下降，含水率逐渐增加，而土壤总孔隙度与毛管孔隙度表现出增加的趋势，土壤持水性增加。红树林大面积死亡的区域，由于根系的固持作用不再，滩面下沉，出现积水，这对于后期造林是一个首先要解决的问题。目前东寨港已采取措施进行红树林恢复，恢复效果有待进一步观察。

3.3　红树林退化原因初探

海南东寨港是我国最典型、最原始的天然红树林分布区（廖宝文等，2007）。但近年来，东寨港国家级自然保护区内红树林陆续成片死亡，多家报纸曾报道东寨港红树林退化死亡的消息，同时指出是团水虱的暴发导致红树林退化死亡，但是关于其退化机制及其防治方法尚未见相关报道。目前，国内外学者利用遥感技术监测红树林面积的变化，分析了变化产生的主要驱动力（Brooks and Bell，2002；邓国芳，2002；韩淑梅等 2012；王胤等，2006），而对其退化机制研究较少。

团水虱属于钻孔滤食性动物（黄威民等，1996；Svavarsson and Olafsson，2002；Brooks et al.，2004），因此淹水深度决定了每株红树根茎处受团水虱钻孔的高度和面积，淹水时间则决定了其滤食时间，并且红树植物的生长也受到滩涂高程、地形及淹水时间等因子的影响（肖燕，2007；赖廷和和何斌源，2007；廖宝文等，2010；胡倩芳和叶勇，2009）。因此，对退化红树林群落进行群落特征及其相关环境因子的调查监测，量化微环境变化与红树退化的关系（王荣丽等，2017），对揭示红树林退化机制具有十分重要的意义，也为防治东寨港红树林退化提供理论依据。

3.3.1　样地设置与群落调查

具体操作方法见 3.2.1 节内容。

3.3.2　各样地的群落特征

各调查样地群落特征及退化特征如表 3-9 和表 3-10 所示。可以看出，所有样地的优势树种均为木榄和海莲。上游样地样方Ⅰ退化现象严重，所有样木的生长状况均为 1 级，退化率达 100%，林分郁闭度为 0；样方Ⅱ则有部分样木出现退化现象，退化率为 27.27%；而样方Ⅲ并未出现退化现象，退化率为 0，林分郁闭度达到 0.7。3 个样方林木呼吸根数量分别是 0、10 个/m² 和 38.3 个/m²，呈递增趋势。

表 3-9　各样地的群落特征

样地	样方组成	优势树种	密度株/hm²	平均胸径/cm	平均树高/m	郁闭度	呼吸根数量/（个/m²）
	Ⅰ		1000	14.6±7.5	5.2±1.2	0	0
上游	Ⅱ		1000	11.5±6.6	5.5±0.8	0.6	10
	Ⅲ		1600	15.7±4.0	5.9±0.4	0.7	38.3
	Ⅰ		1800	14.3±6.3	4.6±0.7	0.1	0
下游	Ⅱ		3000	7.2±4.7	4.7±0.7	0.7	16
	Ⅲ		3200	6.8±4.7	4.3±1.0	0.8	34.3
	Ⅰ	木榄，海莲	1100	13.3±4.2	6.0±0.9	0	1.5
中游西岸	Ⅱ		1900	12.4±4.4	6.2±1.1	0.4	15.8
	Ⅲ		1700	13.0±3.9	5.9±0.4	0.7	30.3
	Ⅰ		1200	10.4±6.4	3.9±1.0	0.2	7.3
中游东岸	Ⅱ		1200	10.7±4.7	4.3±0.6	0.3	22.3
	Ⅲ		3200	8.6±5.7	4.7±1.0	0.8	49.6

注：Ⅰ. 已退化样方；Ⅱ. 交界处样方；Ⅲ. 未退化样方，本章 3.3 节同

表 3-10　各样地退化特征值

| 样地 | 样方组成 | 生长状况等级/% | | | | | 退化率/% |
		1 级	2 级	3 级	4 级	5 级	
上游	Ⅰ	100	0	0	0	0	100
	Ⅱ	9.09	18.18	0	54.55	18.18	27.27
	Ⅲ	0	0	0	0.00	100	0
下游	Ⅰ	59.09	4.55	22.73	13.64	0	86.36
	Ⅱ	40.00	3.33	13.33	43.33	0	56.67
	Ⅲ	25.00	3.13	3.13	53.13	15.63	31.25
中游西岸	Ⅰ	81.82	9.09	9.09	0	0	100
	Ⅱ	42.11	21.05	26.32	10.53	0	89.47
	Ⅲ	35.29	23.53	23.53	5.88	11.76	82.35
中游东岸	Ⅰ	37.50	29.17	0	33.33	0	66.67
	Ⅱ	8.33	50.00	8.33	0.00	33.33	66.67
	Ⅲ	3.13	6.25	21.88	68.75	0	31.25

注：退化率（有明显的退化症状）=（1 级+2 级+3 级）/样方内总株数×100%

下游样地样方Ⅰ生长状况为 1 级的样木占总数的 59.09%，退化率达到 86.36%，林分郁闭度=0.1。样方中生长有少量红海榄，虽然亦被团水虱入侵，但可能由于支柱根特性不利于团水虱大量钻孔，因此退化现象不明显，生长良好，尽管其他样木均已死亡，但样方退化率未达到 100%。而对比样方即样方Ⅲ仅有 31.25%的样木出现退化现象，林分郁闭度达 0.8。样方Ⅰ、Ⅱ、Ⅲ的林木呼吸根数量分别为 0、16 个/m² 和 34.3 个/m²，呈递增趋势。因此，下游样地的样方Ⅰ出现了严重的退化现象，但对样方Ⅱ的影响较弱。

中游西岸样地样方Ⅰ生长状况为 1 级的样木占总数的 81.82%，退化率为 100%，样方Ⅱ和样方Ⅲ的退化率分别为 89.47%和 82.35%，样方Ⅱ的林分郁闭度仅有 0.4。3 个样方呼吸根数量也呈一定的增长趋势。

中游东岸样地的样方Ⅰ和样方Ⅱ的退化率均为 66.67%，林分郁闭度分别为 0.2 和 0.3，而样方Ⅲ生长状况为 1 级的样木占总数的 3.13%，呼吸根数量也达到了 49.6 个/m²。

从群落特征和退化特征值的相关性（表 3-11）分析可得，林木死亡率与林分郁闭度和单位面积呼吸根数量呈极显著负相关，林分密度与林木退化率呈显著负相关，林分平均胸径和平均树高与林木死亡率和退化率呈正相关，但随退化率的升高，样地林分密度、林分郁闭度和单位面积呼吸根数量均呈下降趋势。红树林群落退化特征表现为：红树林群落退化与林木高度和胸径不显著相关。

表 3-11 群落特征与退化特征值的 Pearson 相关系数（*R*）

退化特征值	林分密度	平均胸径	平均树高	郁闭度	单位面积呼吸根数量
死亡率	−0.509	0.35	0.161	−0.754**	−0.751**
退化率	−0.578*	0.287	0.137	−0.752**	−0.687*

注：**$P<0.01$，*$P<0.05$

3.3.3 团水虱在样木上的钻孔分布特征

由于钻孔团水虱并不摄食蛀出的根系物质，因此它们和红树林之间并没有取食关系。团水虱的蛀洞减缓了根的生长速度，加快了根尖的萎缩和破坏，等足目动物蛀洞导致的根系变化不仅是改变了树的结构支持和营养供应，而且可能间接影响到利用洞穴作为基底或保护性生境的其他动植物（赖廷和和何斌源，2007），因此，研究虫孔的分布特征有助于防治东寨港团水虱虫害。

从表 3-12 可得，生长状况等级为 1、2 级的红树的虫孔密度明显高于其他等级红树的虫孔密度，最高可达到 2.94 个/cm²，最低的为 0.36 个/cm²，而从离地面高度的垂直分布来看，虫孔数主要分布在 0～30 cm，而在 10～20 cm 分布较为密集。

表 3-12 团水虱在样木上单位面积的钻孔数量特征　　　　　　（单位：个/cm²）

生长状况等级	离地面高度/cm					
	0～10	10～20	20～30	30～40	40～50	>50
1 级	2.93±1.15	2.94±1.14	2.91±1.17	1.48±1.64	0.57±0.53	0
2 级	2.11±0.69	2.18±0.71	1.36±0.95	0.62±0.73	0.36±0.24	0
3 级	1.07±0.35	1.09±0.37	0.80±0.54	0.22±0.11	0.39	0
4 级	0.31±0.14	0.33±0.13	0.30±0.17	0	0	0
5 级	0.31±0.11	0.21±0.09	0	0	0	0

通过对虫孔直径进行测量，得出其平均直径为(3.22±1.86)mm（$N=400$），因此可得样木树干从根茎处向上各层次（0～10 cm、10～20 cm、20～30 cm、30～40 cm、40～50 cm 和 50 cm 以上）单位面积上虫孔所占比例，由表 3-13 可知，离地面高度 50 cm 以下各生长状况等级样木表面积上的虫孔面积比例，各生长状况等级红树的虫孔面积比例最高（即破坏率）分别为 23.93%、17.71%、8.85%、2.65%和 2.52%，除生长状况 5 级的样木在根茎处 0～10 cm 外，其余均在 10～20 cm。

表 3-13 样木单位表面积上团水虱的虫孔面积比例　　　　　　（单位：%）

生长状况等级	离地面高度/cm					
	0～10	10～20	20～30	30～40	40～50	>50
1 级	23.85	23.93	23.70	12.08	4.68	0
2 级	17.17	17.71	11.09	5.06	2.93	0
3 级	8.67	8.85	6.48	0	0	0
4 级	2.51	2.65	0	0	0	0
5 级	2.52	1.71	0	0	0	0

因此，随着红树退化程度逐渐加深，单位面积虫孔数和钻孔面积不断增加，钻孔高度也不断增高，钻孔高度最高可达到 50 cm。通过相关分析得（表 3-14）：离地面高度 0～40 cm 的钻孔面积与红树退化程度均达到极显著相关，其中 0～10 cm 与 10～20 cm 的相关系数最大，分别为 0.797 和 0.796，相关性最为显著。

表 3-14　红树的退化程度与钻孔面积的相关系数（*R*）

单株红树	离地面高度/cm				
	0～10	10～20	20～30	30～40	40～50
红树退化程度	0.797**	0.796**	0.736**	0.478**	0.345*

注：**$P < 0.01$，*$P < 0.05$

3.3.4　微地形变化对红树林退化的影响

3.3.4.1　淹水深度变化对红树林退化的影响

红树植物淹水深度的差异是由微地形（相对高程）的差异导致，以上游样方Ⅰ为起点（即 0）计算出其他样方的相对高程（图 3-7）。由图 3-7 可以看出，每个样地的相对高程均为样方Ⅰ＜样方Ⅱ＜样方Ⅲ，因此，淹水深度为样方Ⅰ＞样方Ⅱ＞样方Ⅲ，从每个样地来看，木榄、海莲更适宜在较高潮滩的生境生长，这与廖宝文等（2010）所研究的红树林恢复与重建技术的结果相一致（黄戚民等，1996）。通过相关性分析得，淹水深度与退化特征值的皮尔森（Pearson）相关系数无显著相关（$P_{死亡率} < 0.05$，$P_{退化率} < 0.05$）。

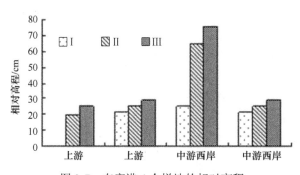

图 3-7　东寨港 4 个样地的相对高程

3.3.4.2　淹水时间（积水时间）变化对红树林退化的影响

由表 3-15 可以看出，各样方的淹水时间存在差异，整体表现为样方Ⅰ＞样方Ⅱ＞样方Ⅲ。木榄最佳淹水时间为 4～6 h（240～360 min），而经对比发现上游样地的Ⅰ、Ⅱ样方，下游的Ⅰ样方及中游西岸的Ⅰ、Ⅱ、Ⅲ样方样木的淹水时间均超过了 360 min，长时间的淹水会导致红树植物各生理指标的下降。相关分析表明，淹水时间与死亡率和退化率均存在显著相关（P＜0.05），淹水时间越长，退化程度越高。

表 3-15　样地 12 h 内淹水时间和积水时间　　　　　　（单位：min）

样地	I		II		III	
	淹水时间	积水时间	淹水时间	积水时间	淹水时间	积水时间
上游	479.4±113.2	112.20	367.2±153.6	55.30	311.9±163.9	0
下游	686.25±88.0	466.55	219.7±79.0	31.25	188.45±86.0	0
中游西岸	574.8±114.8	153.20	421.6±215.7	52.75	368.85±248.6	0
中游东岸	282.85±88.7	30.25	252.6±94.0	5.65	246.95±121.1	0

淹水时间的差异是由微地形变化导致的积水时间的差异所造成。以各样地的对比样方为基准可计算出其他样方的积水时间，由表 3-15 可得，各样地的积水时间均表现为样方 I＞样方 II＞样方 III。下游样地的样方 I 积水时间最长，这可能与其地理位置相关，而微地形变化造成积水的主要原因为：涨潮时会直接导致其淹水时间增加；在退潮时，已退化样地形成的凹陷，又会导致其排水较慢甚至形成小面积的积水；在虾塘排污口排放污水时，较低的高程及排污潮沟也导致了更长的淹水时间。经回归分析（图 3-8）得，积水时间与死亡率呈极显著相关，与退化率呈显著相关，其回归方程分别为：$Y_{死亡率}=0.3888x+15.158$（$R=0.866$，$P＜0.01$），$Y_{退化率}=0.3015x+44.044$（$R=0.648$，$P＜0.05$）。

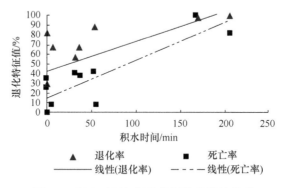

图 3-8　积水时间与退化特征值的线性关系

长时间的积水会加速红树林的退化，其最主要的原因是团水虱对红树植物根茎处，尤其是呼吸根的大量蛀孔破坏了红树植物的呼吸和营养供应。团水虱主要在离地面高度 0～30 cm 的红树根茎和呼吸根中蛀孔营滤食生活，加之地形低洼、土壤松软，有利于形成较长时间的积水，长时间的淹水不仅超出了红树植物的忍耐程度，而且也给团水虱提供了更多的滤食时间，导致团水虱数量的增长，进而更快更多地破坏红树植物的呼吸根及树干基部。从相关性分析来看，淹水时间尤其是积水时间与红树林退化特征值的相关性更显著，而微地形导致的淹水深度变化对红树林退化程度的影响不大，原因可能是较高地方的淹水时间较短。

3.3.5 讨论

（1）海南东寨港红树林退化群落特征表现为：红树林群落退化与林木高度和胸径无显著相关，但随退化程度的加深，样地林分密度、林分郁闭度和单位面积呼吸根数量均呈现下降趋势。

（2）团水虱主要分布在离地面高度为 0～30 cm 的树干根茎处，尤其在 10～20 cm 处分布最多，其密度达 2.94 个/cm^2，钻孔面积比例达 23.93%，因此，退化致死样木多在离地 10～20 cm 树干处出现断裂倒伏。

（3）团水虱的单位面积钻孔数和钻孔面积的分布与单株红树退化程度的关系：在离地面高度为 0～40 cm 的钻孔面积与红树退化程度均达到极显著相关，其中 0～10 cm 与 10～20 cm 处的相关系数最大，相关性最为显著。

（4）由红树林群落潮滩高程变化导致的淹水深度变化与其退化率无显著相关，淹水时间则与红树林群落退化呈显著正相关，积水时间与红树林群落退化呈显著相关，微地形变化造成了样方不同程度的积水，死亡率（%）和退化率（%）与积水时间（min）之间的函数关系为 $Y_{死亡率}=0.3888x+15.158$（$R=0.866$，$P<0.01$），$Y_{退化率}=0.3015x+44.044$（$R=0.648$，$P<0.05$）。

3.4 集约化海鸭养殖对红树林及林内底栖动物的影响

红树林是热带、亚热带海岸潮间带的木本植物群落，具有重要的消浪护堤、维持生物多样性和水体净化功能（王文卿和王瑁，2007）。红树林也为 2000 多种鱼类、无脊椎动物和附生植物提供了丰富的饵料与栖息地（林鹏，1997）。国际上把红树林区作为海洋经济动物的养殖和育苗基地，已取得良好的经济效益（梁士楚和罗春业，1999）。协调好环境保护与资源持续开发的关系是当今海洋科学面临的主要任务之一（国家自然科学基金委员会，1995）。对于红树林的开发利用，必须采取资源可持续利用的发展模式（约翰 R.克拉克，2000；张乔民和隋淑珍，2001），实现生态效益和经济效益的双赢（张乔民等，2010）。

红树林区家禽养殖是提高林区居民收入的有效方式，中国南海沿海地区居民在红树林内放养家禽历史悠久（兰竹虹和陈桂珠，2007）。有学者认为红树林区适当放养家禽不会对红树植物造成明显的不良影响，反而对红树林生态系统内海洋动物多样性的保护十分有利（兰竹虹和陈桂珠，2007）。但是，也有人提出，在红树林区养殖海鸭,养殖模式的优化、养殖容量的控制问题应该引起注意(王文卿和王瑁,2007)。周放等(2009)认为增设鸭场是近期促进红树林当地经济快速发展的活动之一,林内丰富的底栖生物可以作为鸭群的理想食物,潮汐的环境亦可作为鸭群栖息和活动的理想场所。

海口市美兰区有关部门在 2006 年 10 月建立了东寨港海鸭省级农业标准化示范区,该示范区于 2007 年成为海口市重点科技项目,2008 年 8 月升级为国家级标准化示范区,初步发展为具有地方生态及养殖特色的"演丰(红树林)海鸭"品牌。目前,全区海鸭养殖面积超过 5000 亩[①],年产出海鸭 50 万只以上,实现年产值 2500 万元。在取得经济效益的同时,海鸭养殖是否会对红树林造成影响?《海南日报》报道过东寨港密集的海鸭养殖有可能是红树林死亡的原因之一,但没有给出具体的数据指标和系统的科学分析。周放等(2009)就红树林区鸭场的增设对鸟类的影响进行过调查研究,认为巨大的鸭群数量威胁了鸟类的生存。本书就海鸭养殖对红树林植物群落、底栖动物分布的影响进行了研究,以期了解集约化海鸭养殖对红树林影响的机制。

3.4.1　养殖海鸭对红树植物群落的影响

3.4.1.1　海莲群落

海莲林圈养地幼苗的存活率为 0,圈养地外围为(7.0±0.4)%,弃养 2 年为(26.7±1.7)%,弃养 5 年为(32.5±3.1)%,未圈养地幼苗存活率最高,为(52.5±2.8)%(图 3-9A)。单因素方差分析表明,圈养地幼苗的存活率显著低于其他样地($P<0.05$)。圈养地和圈养地外围膝状呼吸根的平均密度显著低于其他样地($P<0.05$)。圈养地与圈养地外围的膝状呼吸根的平均密度均为 0 个/m²;弃养 2 年和弃养 5 年的膝状呼吸根的平均密度差异不显著($P=0.99$),而弃养后的膝状呼吸根的平均密度随着弃养时间的延长而上升;未圈养地的呼吸根的平均密度为(39.5±6.7)个/m²(图 3-9B)。成年植株的生长情况如图 3-9C 所示:圈养地的成年植株的死亡率高达 100%,圈养地外围成年植株死亡率为 44.4%,生长状况差的占 33.3%,生长状况中等的占22.3%,无生长优的成年海莲植株存在;弃养 2 年的海莲的生长状况开始好转,生长优的成年植株占 8.2%,良的占 13.3%;弃养 5 年成年植株优的比例为 57.8%;未圈养地的成年海莲植株的生长状况最好,优的比例达到 95.6%。

3.4.1.2　角果木群落

如图 3-10A 所示,圈养地成年角果木的死亡率高达(40.0±15.9)%;离圈养地10 m 的为(3.5±1.2)%;离圈养地 20 m 的为(7.8±1.3)%;而离圈养地 50 m 的为

---

① 1 亩≈666.7m²

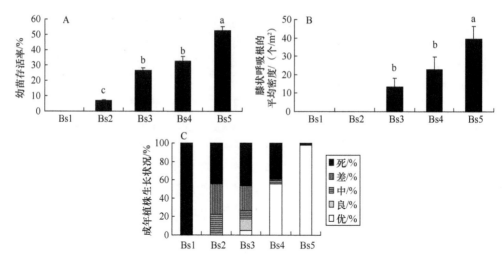

图 3-9　海南东寨港集约化海鸭养殖对海莲幼苗存活率、膝状呼吸根的平均密度和成年
植株生长状况的影响

Bs1. 圈养地；
Bs2. 圈养地外围；Bs3. 弃养 2 年；Bs4. 弃养 5 年；Bs5. 未圈养地

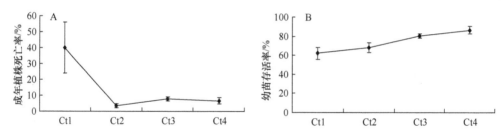

图 3-10　海南东寨港离集约化海鸭圈养地不同距离处的角果木成年植株死亡率和幼苗存活率
Ct1. 圈养地；Ct2. 离圈养地 10 m；Ct3. 离圈养地 20 m；Ct4. 离圈养地 50 m

(6.7±1.9)%。单因素方差分析表明，圈养地成年角果木的死亡率显著高于离圈养地 10 m、20 m、50 m 的样地（$P=0.01$）。角果木幼苗的存活率如图 3-10B 所示：圈养地角果木幼苗的存活率为(62.0±6.1)%；离圈养地 10 m 的为(68.0±5.3)%；离圈养地 20 m 为(80.5±1.9)%；离圈养地 50 m 为(86.3±4.0)%。圈养地角果木幼苗的存活率与离圈养地 10 m 的样地差异不显著（$P=0.149$），但显著低于离圈养地 20 m 和 50 m 的样地（$P<0.05$）。

3.4.2　海鸭养殖对底栖动物的影响

3.4.2.1　底栖动物的种类组成

海莲林圈养地底栖动物有 2 种，分别是放逸短沟蜷（*Semisulcospira libertina*）

和斜肋齿蜷（*Sermyla riqueti*）；圈养地外围和弃养 2 年的样地底栖动物分别有 13
种和 14 种，其优势种分别为放逸短沟蜷、斜肋齿蜷、小翼拟蟹守螺（*Cerithidea
microptera*）和放逸短沟蜷、瘤拟黑螺（*Melanoides tuberculata*）；弃养 5 年的
样地和未圈养地的底栖动物分别有 7 种和 9 种，其优势种分别为放逸短沟蜷和
放逸短沟蜷、褶痕拟相手蟹（*Parasesarma plicatum*）。角果木林圈养地底栖动
物有 2 种，分别是放逸短沟蜷和红树蚬（*Geloina erosa*）；离圈养地 10 m 和离
圈养地 20 m 的样地底栖动物分别有 12 种和 9 种，其优势种分别为放逸短沟蜷、
环带耳螺（*Allochroa layardi*）、小翼拟蟹守螺和放逸短沟蜷、小翼拟蟹守螺；
离圈养地 50 m 的样地底栖动物有 10 种，优势种为放逸短沟蜷和多齿围沙蚕
（*Perinereis nuntia*）。

3.4.2.2　底栖动物的栖息密度和生物量

如图 3-11 所示，海莲林圈养地底栖动物的栖息密度为(63.0 ± 12.8)个$/m^2$，生
物量为$(7.6\pm0.7)g/m^2$；圈养地外围底栖动物的栖息密度为(1100.1 ± 175.7)个$/m^2$，
生物量为$(328.2\pm35.8)g/m^2$；弃养 2 年的样地底栖动物的栖息密度为$(936.6\pm$
$130.8)$个$/m^2$，生物量为$(41.0\pm14.2)g/m^2$；弃养 5 年的样地底栖动物的栖息密度
为(225.8 ± 45.5)个$/m^2$，生物量为$(248.7\pm26.4)g/m^2$；未圈养地的底栖动物的栖息
密度为(77.5 ± 5.9)个$/m^2$，生物量为$(14.7\pm4.3)g/m^2$。单因素方差分析表明，圈养
地底栖动物的栖息密度极显著低于圈养地外围和弃养 2 年的样地（$P=0.00$），
圈养地底栖动物的栖息密度虽然低于弃养 5 年和未圈养地的样地，但差异并不
显著。圈养地底栖动物的生物量显著低于圈养地外围和弃养 5 年的样地，但是
相对于弃养 2 年（$P=0.80$）和未圈养地（$P=0.687$）则差异不显著。

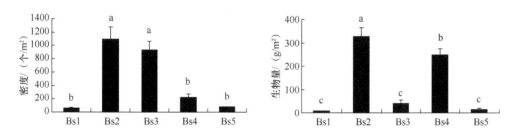

图 3-11　海南东寨港海莲林集约化海鸭养殖对底栖动物密度和生物量的影响
Bs1、Bs2、Bs3、Bs4 和 Bs5 含义见图 3-9

角果木林养鸭时间越长，对红树林的影响越大。从图 3-12 可以看出，角果木
林圈养地底栖动物的栖息密度和生物量均显著低于离圈养地 10 m、20 m、50 m 的
样地（$P<0.05$）。其中圈养地底栖动物的栖息密度为(3.7 ± 1.6)个$/m^2$，生物量为
$(0.2\pm0.1)g/m^2$；离圈养地 10 m 的样地底栖动物的栖息密度为(229.8 ± 16.1)个$/m^2$，

生物量为(49.8±4.0)g/m²；离圈养地 20 m 的样地底栖动物的栖息密度为(127.0±15.0)个/m²，生物量为(6.9±1.1)g/m²；离圈养地 50m 的样地底栖动物的栖息密度为(316.1±25.5)个/m²，生物量为(16.9±4.7)g/m²。

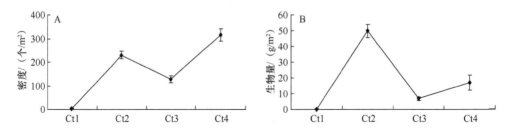

图 3-12　海南东寨港角果木林离集约化海鸭圈养地不同距离处的底栖动物密度和生物量

Ct1、Ct2、Ct3 和 Ct4 含义见图 3-10

3.4.3　讨论

海南东寨港集约化海鸭养殖对红树植物造成了显著的负面影响。养殖区红树植物幼苗和成年植株的死亡率都明显高于非养鸭区。呼吸根毁坏殆尽，且养鸭区成年红树植株的生长状况最差，海鸭养殖破坏了底栖动物的生存环境，导致养鸭区底栖动物的种类、密度和生物量下降。

首先，海鸭的啃食使林子矮化和稀疏化，群落难以自然更新，促使幼苗和成年植株的死亡率增大（兰竹虹和陈桂珠，2007）。实验数据表明，海鸭养殖区红树植物死亡率最高。弃养 5 年的海莲林也只有 57.8% 的红树植物恢复了健康。海莲林呼吸根密度的减少使海莲的耐水淹能力降低，没有了根系的支持，红树植物抵抗狂风暴雨袭击的能力下降，树木的死亡率增高。海鸭在红树林内反复踩踏，破坏了沉积物的结构特性，在潮水反复的冲刷下，圈养地地势下陷，退潮时，潮水将凋落物和有机质含量高的土壤冲走，致使圈养地的环境条件不适合红树植物生长。对圈养地沉积物的机械组成进行测定发现，圈养地土壤粒径在 50～2000 μm 的比例达到 48.3%。而水深和有机质含量测定结果表明（图 3-13，图 3-14），圈养地的水位最深，土壤有机质含量最少，颗粒较粗的土壤对营养盐和有机质的吸附能力较差，不能满足红树植物的生长需要。同时，水深的加深使红树植物浸淹时间延长、浸淹深度增加，而红树植物在潮滩上的分布受到潮汐浸淹程度的严格控制，红树林只能分布在平均海面和回归潮平均高潮位之间的滩面上，潮汐浸淹程度过高或过低均会影响红树植物的正常生长（苏杨，2006；张乔民等，1997）。在现场调查发现，团水虱也是造成海莲大面积死亡的元凶之一，集约化海鸭养殖造成海莲林圈养地水深增加，而水深是团水虱能否在气生根中出现的因素之一（Brooks，2004）。对于新淹没的根，钻孔团水虱的入侵是非常迅速的，超过其他生物体的作用（Brooks and Bell，2001）。但在角果木林圈养地却没发现团水虱，这有可能与团水虱的蛀洞类型和沉积类型有关。

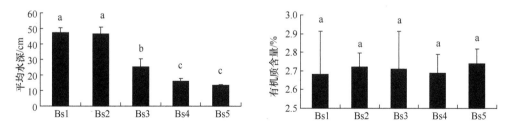

图 3-13　海南东寨港海莲林集约化海鸭养殖对平均水深和有机质含量的影响

Bs1、Bs2、Bs3、Bs4 和 Bs5 含义见图 3-9

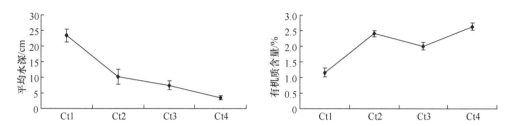

图 3-14　海南东寨港角果木林离集约化海鸭圈养地不同距离处的平均水深和有机质含量

Ct1、Ct2、Ct3 和 Ct4 含义见图 3-10

其次，由于鸭子的长期啄食，海莲林圈养地底栖动物的栖息密度和生物量均最低，而圈养地外围却突然升高。原因可能是在养殖初期，新种群的引进导致底栖动物的生物多样性提高，其栖息密度和生物量暂时增加。而随着残饵和代谢废物的排放，水体逐渐富营养化，底栖动物群落结构发生变化，主要表现为大个体的优势种逐渐消失，小个体的种类成为优势类群，生物多样性下降。弃养 2 年的海莲林内底栖动物的栖息密度和生物量均有所上升，但由于养鸭对生境的破坏，底栖动物的生物多样性远远低于未养鸭区。从离鸭场的空间距离上看，角果木林圈养地底栖动物的栖息密度和生物量最低。一方面是因为底栖动物是海鸭的食物来源之一，长期的海鸭养殖对底栖动物的栖息地造成一定的破坏，底栖动物生物多样性降低；另一方面是海鸭对土壤的长期踩踏及潮水的冲刷作用，把富含有机质的泥沙冲走，留下的大部分为粗砂砾（65.3%），这样的土壤不利于底栖动物的生存。而离圈养地 10 m 的样地底栖动物的栖息密度和生物量都比较高，这是受养鸭地底栖动物逃逸的影响。

红树林输出大量凋落物，其分解可溶性达 80% 以上，且溶解时间短，为发展沿海水产养殖提供了重要的物质基础。星罗棋布的小沟、形态多样的水坑、纵横交错的根系，为鱼、虾、蟹及软体动物提供了生长发育及繁殖的良好环境。同时红树林植物群落的屏蔽作用为潮间带动物提供了一个较为稳定而温和的环境。但集约化海鸭养殖打破了这种稳定的保护环境，不仅对红树林群落结构造成了一定的危害，而且给底栖动物的生存造成了威胁。目前，国内在红树林进行水产养殖的方式比较多，例如，挖塘养殖、林外裸滩贝类养殖、林外浅水海域围网养殖和林内挖沟养殖等，养殖对象有广西的珍珠、近江牡蛎，福建的缢蛏、血蚶，海南的牡蛎等（王文卿和王瑁，2007）。集约化海鸭养殖不同于其他水产养殖模式，因为海鸭位于红树林食物链的顶层，其不仅食物来源丰富，而且个体较大，集约化海鸭养殖对红树林生态系统会造成严重的负面影响。另外，养殖容量的问题也不容忽视，养殖容量即在维持养殖群体生长的同时又不致对周围环境或自身构成直接或潜在的危害时的养殖数量，养殖容量不是固定不变的，而是随着养殖方式与养殖技术的改进而不断变化的（董双林等，1998）。目前，国际上采用的减少海水养殖对环境影响的方法主要有两种：一是放养量不超过养殖容量；二是将养殖区向远岸推移（Chua，1992；Wu，1995；ICES，1989；Gowen，1992）。海南东寨港集约化海鸭养殖为当地居民带来了巨大的经济效益，未来海鸭养殖的规模可能更大，但如何将经济效益和生态效益结合起来，如何优化海鸭养殖的结构模式，为我国海水养殖事业提供可行的方案和规划仍是迫切需要解决的问题（韩家波等，1999）。本书只是从某一侧面初步揭示了红树林退化与死亡的原因之一，还有很多方面需要继续探讨。

3.5 红树林湿地污染监测与评价

3.5.1 样品采集与测定

2013～2017 年，连续 5 年对东寨港水质进行基本污染指标的监测，主要监测的指标包括高锰酸盐指数（COD_{Mn}）、总氮（TN）、氨氮（AN）、总磷（TP）。对东寨港红树林地区存在的虾塘污染，利用卫星图片和实地走访考察的方法估算东寨港红树林自然保护区主要污染源——高位池虾塘的面积，同时实地调查当地农户进行养殖活动时所使用的消毒剂、解毒剂等养殖剂的种类和成分。此外，与海南东寨港国家级自然保护区管理局相关工作人员进行长期交流与讨论，充分了解保护政策落实情况，为红树林湿地的综合管理和决策分析提供支持（杨玉楠等，2020）。

水样的采集和保藏，严格按照《水质 采样方案设计技术规定》（HJ 495—2009）和《水质采样 样品的保存和管理技术规定》（HJ 493—2009）操作，对采样点的表层水进行采集，从距水体表面 20～40 cm 深处采样 550 mL，采集的样品用滤筛过滤混入的杂质并标明编号，同时测定水深。在温度为 2～5℃中冷藏，以供检测时使用。采样时间为东寨港大潮时期，采样频率为每年干湿两季各采一次，每个采样点涨潮和落潮各采一次。

水样测定采用 COD_{Mn} 法（高锰酸盐指数法），氨氮（AN）测定采用纳氏试剂分光光度法，水体总氮（TN）测定采用 MultiN/C2100 分析仪，水质总磷（TP）测定采用钼酸铵分光光度法。对每个采样点涨潮和落潮监测值进行横向不同地点对比和纵向不同时间对比，在连续 5 年监测中并未观察到涨潮落潮监测值有明显规律性变化且每次在同一地点采样的高潮和低潮监测值相差均不高于 10%，推测可能原因为海南东寨港虾塘养殖采用高位池高密度精养方式，不同养殖户分管虾塘的养殖方法和排水时间不同。

3.5.2　评价方法

采用单因子污染指数评价法，将水体中污染物的实测浓度与该污染物的国家环境标准值进行比较，以确定污染类别。单因子污染指数越大，表示监测点受该污染物的污染程度越高。具体表达式如下。

$$P_{i,j} = \frac{C_{i,j}}{S_i} \tag{3-1}$$

式中，$P_{i,j}$ 为污染物 i 的监测值在第 j 采样点上的污染指数，即超标倍数；$C_{i,j}$ 为污染物 i 在第 j 采样点上的监测浓度，mg/L；S_i 为污染物 i 的环境质量标准值，mg/L。

采用内梅罗指数计算法，特别考虑到污染最严重的因子，在加权计算的过程中避免了权系数中主观因素的影响。具体表达式如下。

$$PI_j = \sqrt{\frac{(Max \frac{C_{i,j}}{S_i})^2 + (\frac{1}{n}\sum_{i=1}^{n} \frac{C_{i,j}}{S_i})}{2}} \tag{3-2}$$

式中，PI_j 为 j 采样点上的水污染指数，mg/L；S_i 为污染物 i 的环境质量标准值，mg/L；$C_{i,j}$ 为污染物 i 在第 j 采样点上的监测浓度，mg/L；n 为检测指标的项目总数。

采用综合营养状态指数计算法，进一步判断出东寨港红树林周边的受污染状况和富营养情况。具体表达式如下。

$$TLI(\Sigma) = \sum_{j=1}^{m} w_j \cdot TLI_j \tag{3-3}$$

式中，$TLI(\Sigma)$ 为受污染地区综合营养状态指数；w_j 为第 j 种污染监测指标营养指数的相关权重，COD_{Mn}、TN 和 TP 权重分别为 0.33、0.33、0.34；TLI_j 为第 j 种参数的营养状态指数，$TLI_{TP}=10（9.436+1.624lnTP）$，$TLI_{TN}=10（5.453+1.694lnTN）$，$TLI_{COD_{Mn}}=10（0.109+2.661lnCOD_{Mn}）$；$m$ 为检测指标的项目总数。

3.5.3 污染指标监测与评价

通过对海南东寨港红树林区域连续 5 年的污染指标进行监测，从图 3-15 中可看出，COD_{Mn}、TP、TN、AN 连续 5 年监测值波动明显，总体呈现 2013～2015 年监测值逐渐减少，2016～2017 年监测值逐渐升高的趋势。其中，TP 监测值与 COD_{Mn}、TN 和 AN 监测值相比，较为稳定，且含量较低，均在 0.20 mg/L 以下。COD_{Mn} 监测值地区差异明显，但含量总体偏高。TN 和 AN 监测值在 2017 年陡然升高且大部分区域如塔市、石路村、山尾村等监测含量明显高于 2013 年。在 7 个监测区域中，塔市、山尾村和三江镇近两年的污染物含量最高，2017 年塔市是污染最严重的区域，COD_{Mn}、TN、AN 监测最高值分别为 37.38 mg/L、1.82 mg/L、0.982 mg/L；三江镇污染物含量较为恒定，COD_{Mn} 监测值一直在 22.00 mg/L 之上。

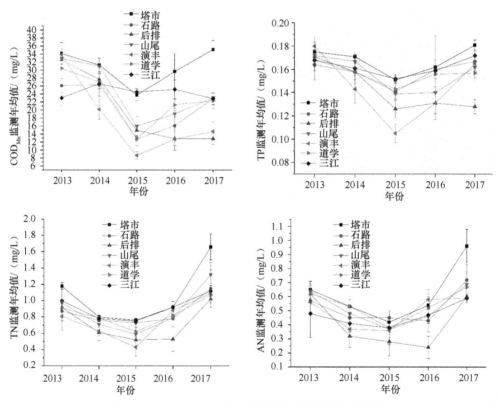

图 3-15 2013～2017 年东寨港污染指标年平均监测值

通过连续 5 年对污染指标进行监测，在整理相关监测数据的基础上，根据 3 种污染评价方法，对近年来红树林保护区污染程度及其变化情况进行分析。以地表水水质Ⅲ类标准为基准，单因子污染指数评价结果表明水体 COD_{Mn} 超标最严重，通常超标 2～4 倍，在 2017 年的监测数据中塔市超标高达 6 倍。总磷单因子指数在 2013～2017 年均小于 1，表明研究区域总磷含量较低，均符合标准。总氮、氨氮自 2013 年起至 2015 年的监测结果较好，基本都符合地表水质Ⅲ类标准，极少数采样点虽有超标现象但单因子指数也都在 1.3 以下。从 2016 年起水体中总氮与氨氮含量升高，到 2017 年氮污染仍有加重的趋势，总氮单因子指数 2017 年均值高达 1.4（图 3-16）。

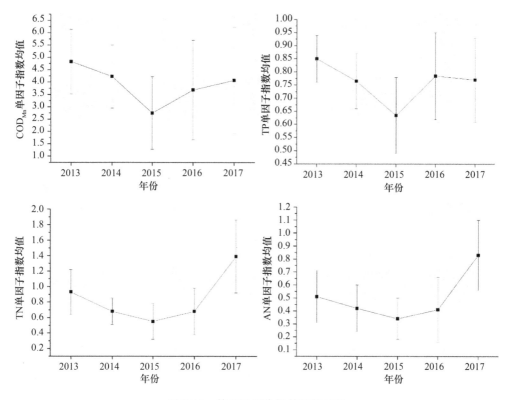

图 3-16　单因子污染指数评价结果

　　根据内梅罗指数计算出各监测点污染指数，并将结果做出如图 3-17 所示的东寨港红树林区域内梅罗指数变化图。相比单因子污染指数评价法，内梅罗指数法能够更加简明直观地反映所监测地区的综合水质状况，突出污染最严重因子对水质的影响，同时在一定程度上兼顾其他污染较轻的因子。由图 3-17 可知，2013～2017 年，红树林区域的污染情况呈现出从 2013 年污染严重到 2015 年明显减轻，自 2016 年污染又开始加重的总趋势。2013 年东寨港呈严重污染区域高达 75.2%，13 个监测点的内梅罗污染指数均大于 3.0，呈重度污染，其中山尾村和演丰镇区域监测点污染最严重，内梅罗指数均大于 4.0。2015 年水质明显好转，有 37.9%

的区域呈中度污染，除塔市和三江镇外，其余地区污染指数均小于2.0，为轻度污染。但2016年呈中度污染区域达54.6%，到2017年中度污染区域升至62.0%，塔市地区监测点污染指数均高于4.0，呈重度污染。

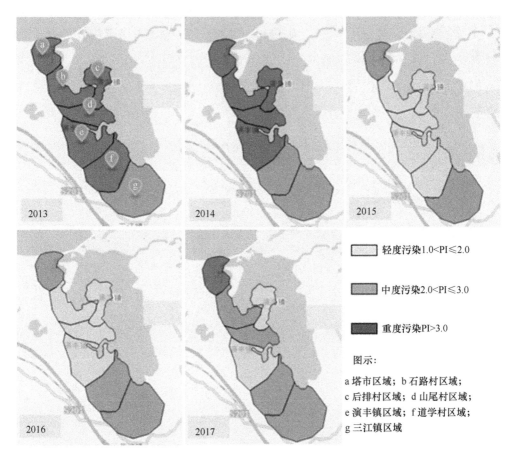

图3-17 2013～2017年东寨港红树林区域内梅罗指数变化图

根据综合营养状态指数计算出各监测点富营养指数，并将结果做出如图3-18所示的东寨港红树林区域综合营养状态指数变化图。富营养化水体会导致河口和红树林湿地中的大型藻类及浮游生物的暴发性生长，为团水虱的暴发提供丰富食物，从而给红树林带来巨大的威胁。由图3-18可知，东寨港近5年来的富营养化情况呈现出由严重到减轻再到近两年来有恶化的趋势，这一变化情况基本与图3-16中的污染指数变化情况一致。2013年重度富营养化区域高达63.1%，除石路村和三江镇外，其余区域监测点的富营养指数均高于70.0。2015年减轻至无重度富营养化区域，中度富营养化区域为37.9%，演丰镇区域监测点的富营养指数均小于等于50.0，呈中营养状态。但从2016年开始东寨港红树林区域水质的富营养化情况再次严重，到 2017 年中度富营养区域为 70.5%，塔市监测点富营养指数高达 76.3，呈重度富营养化。

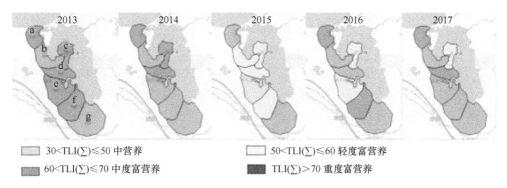

图 3-18　2013～2017 年东寨港红树林区域综合营养状态指数变化图（彩图请扫封底二维码）
图中 a~g 含义同图 3-17

3.5.4　讨论

由以上 3 种污染评价方法分析出的污染变化趋势基本相同，根据连续 5 年的实地监测和走访调查，2013 年东寨港红树林区域团水虱大量暴发，同时监测到水体污染和富营养化程度最为严重，结合范航清等（2014）得出的团水虱致死红树林事件均位于人为干扰强烈区域、水体均为富营养化的结果，以及邱勇等（2013）得出的东寨港团水虱分布与水体中 TN 和 TP 有关的结果，表明团水虱的暴发跟水体中污染物含量有密切联系。2015 年污染明显减轻的原因是 2014 年海口市有关部门采取了一系列措施包括关停、搬迁禽畜养殖场，如养猪场和咸水鸭养殖场；拆除违规餐饮店；对排放的生活污水进行回收处理，建设村镇污水处理厂及配套管网；在保护区内进行退塘还林；在保护区周边农业用地修建防污设施，控制化肥、农药等造成的农业面源污染。但是随着东寨港团水虱暴发情况得到控制及监管力度的减弱，在利益驱动下保护区周围高位池虾养殖数量开始逐年增加。高位池虾塘位置紧邻红树林保护区边缘且是巨大的面源污染，因为虾养殖需要投入大量的人工饲料进行高密度养殖，而添加到虾塘的大量营养物质仅有少部分作为饲料转化为虾的生物量，更多的是作为颗粒或溶解性营养物质随养殖废水从高位池虾塘排水管道流入周边的潮沟，然后进入红树林中（Funge-Smith and Briggs，1998），其中大量氮和有机质等物质会引起红树林区域水体环境污染及富营养化，严重影响红树林生态系统平衡。同时虾养殖周期为每年 2～3 次，每次收虾后进行清塘时首先排放的是发黑恶臭的高浓度有机养殖废水，其中还包括养虾过程中产生的大量残饵及排泄物。随后排放的是过氧化氢、二氧化氯等消毒剂及碘液如聚维酮碘液和有机酸类物质如柠檬酸、羟基乙酸等解毒剂。排放的这些物质在短时间内叠加会对红树植株产生毒害作用，长期积累会造成红树林区域水体土壤条件恶化。因此，近两年来东寨港红树林自然保护区污染情况和富营养化状况有不断加重的趋势，塔市、山尾村和三江镇地区的污染情况不断恶化，水体中有机质和氮污染尤为严重。同时，在东寨港红树林恢复过程中发现部分区域在长达 5 年的时间里存在着红树持续退化的现象，如长宁河（19°56′53.96″N～19°57′21.19″N，110°34′7.17″E～110°35′14.62″E）周围分布着约 41 hm² 虾塘，红树林退化面积从2013 年的 2.49 hm² 增至 2017 年的 7.62 hm²，该河流流经的山尾村区域在 2017 年水体呈中度污染和重度富营养化。

因此，对东寨港红树林的管理和恢复工作需更加整体化、规范化、严格化，应建立完整的红树林生态监测体系，及时掌握红树林湿地动态变化情况并分析原因。其治理措施应与我国发展海南的重大战略决策相协调，对生态环境脆弱敏感区域内居民逐步实施生态移民搬迁，严格保护海岸生态环境，在恢复原有海岸带的基础上，大力发展现代化海洋牧场以取代高位池虾养殖。实施退塘还林及虾塘养殖废水处理等措施，加快建立重点海域入海污染物总量控制制度，制定并实施海岸带保护与利用的综合规划。

3.6　团水虱对红树林的危害

红树林是海上森林，是全球海洋保护的重点对象、广西的海洋特色资源、广西北部湾生态环境优良的标志之一。团水虱是一种甲壳类等足海洋蛀木生物，生命力和抗逆性较强，繁殖迅速，具有发生地点跨度大、点状暴发四周扩散、消杀和防控难度大等特点，可掏空树干体积的 20%～50%，形成高密度的聚居与繁殖种群，被喻为海洋"癌症"（Lee Wilkinson，2004）。红树林一旦遭受团水虱攻击，死亡率近乎 100%，可致数十年甚至上百年高大、珍贵树木消亡（范航清等，2014）。

近年来海南和广西北海等地频繁报道红树林受团水虱危害连片死亡的事件，甚至连本以为环境良好的北海银滩国家级度假区附近的红树林也遭到攻击（范航清等，2014；邱勇等，2013）。团水虱具有生命力强、繁殖迅速、消杀和防控难度大等特点，如果进一步扩散无疑会酿成我国红树林的生态灾难。如果能够筛选出有效的本土天敌来控制团水虱的危害或者找到有效的防治手段，将对团水虱的生物防治具有重要意义。

3.6.1　团水虱对红树林的危害过程

根据定点的观测，团水虱危害红树植物白骨壤主要有以下几个过程：①多种因素导致树势衰落或枝干受害；②团水虱成年个体入侵主干基部，特别是侧枝；

③成年个体繁殖产生大量的幼年个体，并在母体洞穴中集中生活一段时间长至亚成体阶段；④亚成体入侵和蛀孔危害白骨壤的气生根；⑤树势生长进一步衰落，气生根中生长的亚成体长至成年个体阶段并转移入侵白骨壤的主干基部；⑥主干基部产生大量的蛀孔，植株沿着蛀孔位置折损或直接枯萎死亡（图 3-19）。其主要特点：团水虱对白骨壤的危害过程就是白骨壤气生根不断消亡，树干基部蛀孔日渐增加，树木逐渐衰落而死亡。

图 3-19　团水虱对红树林的侵染危害过程

3.6.2　团水虱蛀孔的生物观测和分析

团水虱蛀孔分布在幼苗的根茎部。据统计，在北海大冠沙向海一侧红树林外围种植 3 个月的秋茄幼苗有 33%受到团水虱的侵染。团水虱侵染红树的部位为气生根、基部侧枝、主干基部。

蛀洞对于团水虱来说，主要有以下作用：①创造舒适、安全的居住空间；②有利于滤食活动的进行；③繁殖和抚育后代。蛀洞对红树林造成的危害：减缓了根的生长速度，加快了根尖的萎缩或破坏，使红树根系的结构发生变化，从而直接对红树造成损伤，改变树的结构支持和营养供应。还可能间接影响到利用洞穴作为基底或保护性生境的其他动植物（如黑麦蛤、延线螺）。

红树的响应：红树通过由受伤部位附近发出的众多侧根把能量分流到新部位，或者通过修复取代受伤根系组织，从而对蛀洞所引起的组织损伤做出响应。

3.6.3　讨论

3.6.3.1　树木质量和非生物因素对团水虱分布的影响

树木质量上的差异，例如，根系结构（如根径、根序）、根的渗透性、含水量、洞穴的完整性或化学性质，以及树木的生理健康状况都可能使一些红树林群丛不适于团水虱居住（Talley et al.，2001）。团水虱的区域分布还可能受一些非生物因素的影响，包括盐度、水温、悬浮物及潮汐的影响。

目前研究多集中在团水虱本身的生物学特征，国外的研究主要集中在红海榄上，而我国遭受团水虱危害的主要树种是白骨壤、木榄、海莲等红树种类。另外，国外没有出现大面积红树林死亡的报道（Davidson and Rivera，2012；Ellison and Farnsworth，1990）。还有一个问题，团水虱的发生往往与其他的环境事件相关联，比如红树林区的养殖污染、外来物种互花米草的入侵、滩涂的采挖作业、浒苔的暴发等。

3.6.3.2　螃蟹对团水虱的影响

从螃蟹的分布上分析，双齿近相手蟹在红树林中分布广泛，在红树林中的高、中、低潮位均可见，主要分布在树干基部的洞穴和缝隙中；弧边招潮蟹在红树林中也很常见，但主要分布在红树林的边缘光滩位置。从生态位分布上来讲，双齿近相手蟹更适合作为团水虱的天敌（杨明柳等，2014）。从螃蟹螯足的形态上分析，取食较大的固体颗粒一般需要螃蟹左右两个螯足的配合撕咬才能较好地完成（向洪勇等，2015）。雄性弧边招潮蟹的右侧螯足已膨大特化成具有战斗防御功能的螯足，不利于抓取和撕咬食物。而双齿近相手蟹、长足长方蟹和日本拟厚蟹的左右螯足较为对称，有利于撕咬食物。从螯足的粗壮程度区分是双齿近相手蟹>长足长方蟹>日本拟厚蟹，这与它们的取食效果是一致的。另外，通过解剖红树林潮沟的常见鱼类，发现犬牙缰虾虎鱼（*Amoya caninus*）胃内含物中有团水虱个体，这方面的进一步探索将很有意义。

3.7　海南东寨港红树林自然保护区团水虱灾害调查

海南东寨港国家级自然保护区是我国第一个国家级红树林自然保护区，是我国红树林植物种类最多、保存最完整的红树林生态系统。自 2009 年以来，海南东寨港红树林自然保护区陆续有红树林成片死亡的情况发生，死亡植物的根部、树干等布满了虫洞。经专家鉴定，虫洞主要由有孔团水虱造成（范航清，2014）。

团水虱的地理分布范围很广，淡水、半咸水、潮间带及 1800 m 的深海均有分布。团水虱属于滤食性动物，通常营自由生活，时常穴居于红树林、珊瑚礁及沿海海岸工程的木桩中，在通常情况下不会造成明显影响和灾害，但是如果种群数量快速增加，分布密度变大，会对海洋生态系统造成严重影响。

从 2009 年至今，对海南东寨港红树林自然保护区采取了大量措施，包括对受灾树木的就地保护、邀请国内红树林专家探讨团水虱暴发的机制和防控措施、联合当地政府和社区减少周边污染源排放、对受灾区域植被进行人工恢复等，力争降低团水虱的种群数量，抑制团水虱在红树林区域的蔓延，减少团水虱暴发对红树林造成的灾害。但是目前来看，效果并不理想。现实表明，对于保护区而言，团水虱的防控将是一个长期的、系统的工作。虽然已有专家对东寨港团水虱进行了研究，但是对海南东寨港团水虱暴发的机制和过程尚未十分明确。

要想了解团水虱暴发的机制，从而做到科学有效地预防和控制，首先要了解团水虱在东寨港红树林造成的灾害状况。本项目受海南东寨港红树林自然保护区委托，目的就是要了解团水虱在海南东寨港红树林暴发的空间分布规律，这不仅可以对团水虱在东寨港的灾害现状有全面的了解，也可以为今后的保护和防治工作提供参考。

3.7.1　海南东寨港红树林自然保护区概况

3.7.1.1　自然概况

1. 地理位置

海南东寨港国家级自然保护区位于海南省东北部海口市与文昌市交界处的东寨港港湾，距海口市区约 32 km，地理坐标为 19°51′N～20°01′N，110°32′E～110°37′E。保护区南接海口市三江镇、西邻演丰镇，北接文昌市的铺前、罗豆两镇，绵延约 50 km。

2. 气候和降水

东寨港气候类型是典型的热带海洋季风气候，春季温暖，夏季受热带海洋气候影响，表现为高温多雨闷热，秋季常受南海、太平洋台风袭击，比较凉爽，冬季湿冷；年平均气温 23.3～23.8℃，1 月平均气温 17.1℃，7 月平均气温 28.4℃；年平均降雨量为 1676.4 mm，80%以上的雨量集中在 5～10 月，年平均蒸发量约为 1831 mm，在 5～7 月，月蒸发量达 200 mm 以上；海水的年平均温度为 25.4℃。

3. 土壤（沉积物）

有多条河流在东寨港汇集入海，港湾拥有密集交错的河流和潮汐通道，上游冲刷带来大量沉积物，形成致密、深厚的沉积物层，为红树林生长提供了适宜的土壤条件。由于亚热带和热带气候环境影响，地带性土壤为典型的酸性红土，表层土壤一般厚 1～1.5 m，pH 为 5～6。但是在沿海红树林湿地范围内，由于受到冲刷、沉积等作用影响，其土壤除少部分为较坚固密实的盐渍沙质壤土外，河口和港湾内的土壤均是沉积的沼泽盐渍土，淤泥质地黏重、颜色呈灰蓝色、厚度为1～1.5 m，土壤中有机质含量丰富。多年实测表明，沼泽盐渍土常常呈现碱性，pH 大于 7.5。土壤特征表现为：含有高水分和盐分及高含量的硫化氢，缺氧，植物枯枝落叶残体多半处于半分解状态。土壤盐度 17.97、有机质含量达 25.38%。

4. 地貌和水文

东寨港在琼州海峡南岸，是由近代地震沉陷而形成的近南北向溺谷湾。据历史资料记载，在 1605 年，即明万历三十三年 7 月 13 号午夜，海南发生琼州大地震，这次地震导致琼州东北部地层垂直下陷，形成现在的东寨港海湾。东寨港是在基岩基础上发育起来的漏斗状深入内陆的半封闭式海湾潟湖，其东面为河海冲积平原区，西南部为矮丘陵缓坡，地势较高，而在背部地势稍低，这导致涨潮时海水由北流入东寨港，退潮时，海水从东、南、西朝北通过北港岛双侧的潮汐沟渠流入琼州海峡。

东寨港海岸地貌主要为红树林潮滩、潮汐通道及深槽，潮滩宽度为 1～4 km，主要由粉砂和泥质粉砂构成，滩面较稳定。潮汐通道和深槽是深入港内红树林区域的主要通道，水深一般为 1～2 m，潮汐通道的长度从几米到十多米不等，例如，东寨港西半部长达 6 km，而东半部的潮汐通道与进出铺前港的深槽相连，长约 11 km。

东寨港一直以来有"一港四河、四河满绿"的说法。其东边有演州河，西侧有演丰东河和西河，南有罗雅河（又叫三江河），四河汇入东寨港后注入大海。这些河流每年注入东寨港的水量共有 $7×10^8$ m³。在暴雨时节，4 条河流所携带的大批泥沙在港内沉积形成宽广的潮间带，而正是潮间带为红树的生长和发育提供了理想的场所。东寨港的潮汐为不规则半日潮，平均低潮潮高 1.19 m，平均高潮潮高 2.09 m，最大潮差 1.8 m，平均潮差 0.89 m。

5. 植被

东寨港国家级自然保护区是我国红树植物种类最多、保存最完整的红树林分布区。在东寨港红树林自然保护区内有真红树林植物 11 科 26 种（其中 9 种属于引种），半红树林植物有 10 科 12 种。

东寨港红树林自然保护区也是我国最典型、最原始的天然红树林分布区。区内红树林植物种类丰富，群落密度较大，郁闭度一般在 80%～90%。其中水椰（*Nypa fruticans*）、红榄李（*Lumnitzera littorea*）、正红树（*Rhizophora apiculata*）、尖叶卤蕨（*Acrostichum speciosum*）、木果楝（*Xylocarpus granatum*）、卵叶海桑（*Sonneratia ovata*）、海南海桑（*S. hainanensis*）和拟海桑（*S. gulngai*）为珍贵树种，海南海桑和尖叶卤蕨为海南特有种。红榄李、木果楝、水椰、海南海桑和拟海桑被载入《中国植物红皮书》，具有极高的保护价值。红榄李与海南海桑已被《中国生物多样性保护行动计划》列入"植物种优先保护名录"。

6. 动物

在东寨港红树林自然保护区栖息的鸟类有 194 种，其中鸟类珍稀物种有黑脸琵鹭、白腹鹞、白头鹞、斑头鸺鹠、橙胸绿鸠、鹗、褐翅鸦鹃、黑翅鸢、黑鸢、红隼、黄嘴白鹭、灰雁、领角鸮、绿嘴地鹃、普通鵟、小鸦鹃、游隼和原鸡等 18 种国家二级保护鸟类，最常见的鸟类有池鹭、小白鹭、大白鹭、牛背鹭、夜鹭、苍鹭、绿鹭、绿翅鸭、红脚鹬、青脚鹬、丝光椋鸟、棕背伯劳、铁嘴沙鸻和蒙古沙鸻等。鱼类有 103 种，主要有鲷鱼、鲻鱼、中华乌塘鳢（土鱼）、中华豆齿鳗（土龙）和鲈鱼等。螃蟹主要有锯缘青蟹、招潮蟹和相手蟹等。虾类主要有斑节对虾、口虾蛄和鲜明鼓虾等。软体动物有 115 种，主要有莱彩螺、紫游螺、斑肋滨螺、黑口滨螺、粗糙滨螺、红树蚬、棒锥螺、瘤背石磺、毛蚶、泥蚶、海月、近江牡蛎、僧帽牡蛎、团聚牡蛎、胖紫蛤、缢蛏、长竹蛏、文蛤、红肉河蓝蛤和珠带拟蟹螺等。

3.7.1.2 社会经济概况

1. 人口和行政区划

东寨港国家级自然保护区毗邻演丰镇、三江镇、罗豆镇及三江农场，与东寨港具有密切联系的自然村大约有 187 个，居民人口约 2.7 万。当地居民大多以半农半渔为业，农业以种植谷物为主，但随着近年来海水入侵导致土壤盐碱化范围日益扩大，实际可耕种用地面积不断减少，沿海村庄居民较多从事渔业捕捞和渔业养殖。

2. 经济发展

随着产业结构的调整，周边镇及农场已经形成了以种植、养殖、禽畜、服务等为特色的四大支柱产业。以花卉蔬果种植为主的"绿色产业"，主要分布在苏民、美兰、群庄、昌城、演南 5 个村；以海水养殖和捕捞为主的"蓝色产业"主要分布在塔市、演西、演东、演中、山尾、演海、边海、北港等 8 个村，海水养殖面积达 11 000 亩；而以禽畜饲养为主的"银色产业"与"蓝色产业"分布基本一致，其中咸水鸭养殖成为当地特色养殖资源和养殖主要收入来源；以休闲观光等服务业为主的"金色产业"，主要分布在演丰镇和东寨港红树林风景旅游区。

2017 年，演丰镇社会经济总产值为 8.2 亿元，其中，第一产业 6.81 亿元，第二产业 0.8074 亿元，第三产业 0.6077 亿元。2018 年，三江镇国内生产总值达 5.53 亿元，其中第一产业 3.45 亿元，第二产业 0.85 亿元，第三产业 1.23 亿元。

3. 生态环境现状

随着保护区外围社会经济的发展，红树林的生存环境遭受到了不同程度的破坏。而据历史资料显示，在 1959 年原生红树林面积达 3213.8 hm^2，截至 1989 年，红树林面积已经减少到 1657.8 hm^2，将近减少了一半，为最初面积的 51.58%。由于 1980 年东寨港红树林自然保护区的建立，到 1996 年，红树林面积相对于 1989 年又增加了 361.0 hm²。之后由于工业、旅游业和养殖业的开发，到 2002 年，红树林面积减少到了 1552.6 hm²。

东寨港的水质状况在 2 级标准和 4 级标准之间变动，主要的污染源为生活污水和养殖污水；有机污染水平达到 2，属于轻度污染水平；但是由于养殖业的发展，2008 年富营养化水平达到 5.98（高富营养化水平）。

土壤中富集一定量的重金属，其中 Zn、Pb 浓度较高，其主要来源为航运和水产养殖业使用的饲料添加剂。

生活垃圾和建筑垃圾堆积现象较为普遍，可形成水上漂浮物，或者进一步污染水体和土壤。

3.7.2 红树林团水虱暴发的等级和面积

遥感判读和地面验证的结果显示，东寨港国家级自然保护区不同等级虫灾面积如图 3-20 所示，东寨港红树林自然保护区灾害分区情况如表 3-16 所示。

3.7.2.1 极重度灾害区

极重度灾害区面积 8.1815 hm²，占总面积的 0.52%。该区域内部分群落红树植物死亡率平均值大于 90%，在 2014 年 5 月之前已经形成林窗，是东寨港红树林最先受到团水虱破坏的区域，也是团水虱向其他区域扩张的重点源区。

目前，在该区域早期形成的部分林窗已经重新种植了红树幼苗，根据遥感判读的结果，在极重度灾害区，选择了 3 个海莲群落、2 个白骨壤群落、4 个红海榄群落的样地，分别设置 100 hm² 样方，现场调查结果见表 3-17。

现场状况如图 3-21 所示。

3.7.2.2 重度灾害区

重度灾害区面积 230.1092 hm²，占总面积的 14.71%。目前该区域内海莲和白骨壤的平均死亡率大于 50%，红海榄大于 30%。这类区域长期受到团水虱的破坏，但未形成明显林窗，经过 2014 年"威马逊"台风，在 2014 年 10 月的遥感影像上呈现大面积林窗。该区域也是东寨港受团水虱危害比较严重的区域。群落组成和结构被破坏严重，短期内无法自我恢复。

根据遥感判读的结果，我们进行现场验证。在重度灾害区选择了 3 个海莲群落、4 个白骨壤群落、2 个红海榄群落的样地，分别设置 100 m² 样方，现场调查结果见表 3-18。

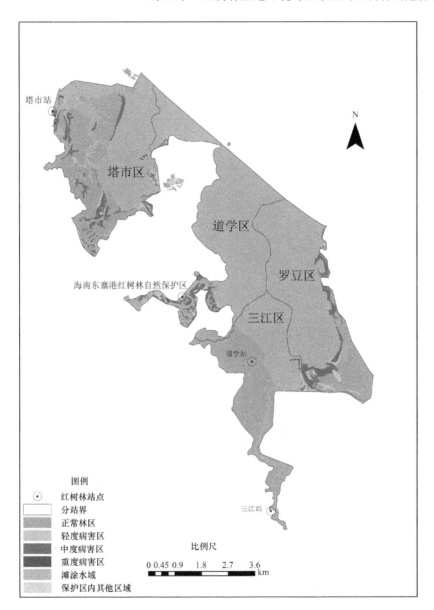

图 3-20　海南东寨港红树林团水虱灾害暴发等级空间分布图（彩图请扫封底二维码）

表 3-16　东寨港红树林自然保护区虫灾等级面积

受灾等级	极重度灾害区	重度灾害区	中度灾害区	轻度灾害和无虫区	合计
面积/hm²	8.1815	230.1092	125.8340	1200.1989	1564.3236
面积百分比/%	0.52	14.71	8.04	76.72	100.00*
目前状态	林窗或已重新种植	林窗为主，少量存活植株	有部分死亡	有虫洞或无虫洞，基本没有死亡植株	

*由于数字修约，合计不等于 100.00%

表 3-17 极重度灾害区样方调查结果

群落类型	样方个数	死亡率/%	有蛀迹/%	其他
海莲	3	100	100	补种幼苗
白骨壤	2	96.89	100	无幼苗
红海榄	4	78.38	100	无幼苗

A

B

C

图 3-21　极重度灾害区
A. 海莲群落极重度灾害区；B. 白骨壤群落极重度灾害区；C. 红海榄群落极重度灾害区

表 3-18　重度灾害区样方调查结果

群落类型	样方个数	死亡率/%	蛀断根/%	有蛀迹/%	蛀洞高度/cm
海莲	3	57.69	73.91（主根+膝状根）	100	17.99
白骨壤	4	76.86	56.48	96.54	全株
红海榄	2	32.50	32.87（主根+支柱根）	100	不清晰

现场状况如图 3-22 所示。

A

B

C

图 3-22　重度灾害区

A. 海莲群落重度灾害区；B. 白骨壤群落重度灾害区；C. 红海榄群落重度灾害区

3.7.2.3　中度灾害区

中度灾害区面积 125.8340 hm², 占总面积的 8.04%。中度灾害区海莲和白骨壤群落死亡率平均值大于 30%，红海榄死亡率大于 10%。这部分区域受到团水虱一定程度的破坏，虽然没有形成大面积倒伏的林窗，但是在 2014 年台风过后，树冠落叶明显，部分树木完全死亡，没有死亡的树木树冠恢复较缓慢（表 3-19）。

表 3-19　中度灾害区样方调查结果

群落类型	样方个数	死亡率/%	蛀断根/%	有蛀迹/%	蛀洞高度/cm
海莲	3	30.26（其中台风吹断 24.12，台风吹倒后根部被蛀 14.91）	75.69（被蛀断根面积百分比）	71.71	10.09
白骨壤	4	32.07	2.28	68.8	36.08
红海榄	2	13.43	16.54（主根+支柱根）	49.62	不清晰

由于部分树木已死亡，林下透光度较好，导致林下幼苗较多，如果进行合理的保护，可避免虫害的进一步影响，这类区域的植被有望实现自我更新和恢复。

现场状况如图 3-23 所示。

A

B

图 3-23 中度灾害区

A. 海莲群落中度灾害区；B. 白骨壤群落中度灾害区；C. 红海榄群落中度灾害区

3.7.2.4 轻度灾害和无虫区

由于团水虱是红树林中的常见物种，在正常情况下也有一定数量的团水虱生活在红树林中。如果团水虱数量不多，在少数植株上钻洞生活，虽然会破坏个别植株，但是并不会对红树林群落整体造成影响。在遥感图像上无法分辨轻度受损区域和没有团水虱分布的区域，因此本次调查中将这两个区域合并为一个区域。轻度灾害区和无虫区这两个区域的面积为 1200.1989 hm^2，占总面积的 76.72%，是比例最大的区域。

该区域有一定数量的树木受到团水虱的影响，但是死亡率很低（表 3-20），不影响群落的组成和结构。

表 3-20 轻度灾害和无虫区样方调查结果

群落类型	样方个数	死亡率/%	蛀断根/%	有蛀迹/%	蛀洞高度/cm
海莲	4	24.20（均为台风吹断，断后根底部被蛀 13.08）	16.87（主根为 0，膝状根 16.87）	29.95	8.15
白骨壤	3	0	0	16.70	18.23
红海榄	4	0	0.37（主根为 0，支柱根 0.37）	3.17	不清晰

现场状况如图 3-24 所示。

图 3-24 轻度灾害和无虫区

A. 海莲群落轻度灾害和无虫区；B. 白骨壤群落轻度灾害和无虫区；C. 红海榄群落轻度灾害和无虫区

3.7.3 不同植被类型团水虱暴发的等级和面积

将海南东寨港自然保护区团水虱暴发等级分布图与海南东寨港自然保护区红树植被群落分布图进行叠加，可以得到不同群落类型团水虱的暴发情况，如表 3-21 所示。

表 3-21　海南东寨港国家级自然保护区 59 个群落受团水虱破坏等级面积（单位：hm²）

群落类型	极重度灾害区	重度灾害区	中度灾害区	轻度灾害和无虫区	总和
角果木	0	14.082	9.9972	350.1588	374.2380
红海榄	0.8711	55.3306	32.8157	261.1907	350.2081
海莲	2.1321	59.0313	25.1614	230.7495	317.0743
桐花树-秋茄-海莲-老鼠簕-海漆	0	0	0	75.9421	75.9421
秋茄	0.3404	28.0913	5.4711	21.5178	55.4206
白骨壤	1.9983	14.5214	12.9321	21.3212	50.7730
海莲-木榄	1.7265	22.74	9.4123	12.6088	46.4876
海莲-角果木	0	0	0	35.607	35.6070
海漆	0	0	0	30.3426	30.3426
海桑-无瓣海桑	0.076	10.9043	7.3449	4.0305	22.3557
榄李	0	0	0	20.4687	20.4687
桐花树-红海榄-木榄	0	0	0	19.2133	19.2133
红海榄-白骨壤	0.1086	6.9198	1.5565	10.0834	18.6683
海莲-尖瓣海莲	0	6.1799	2.7482	2.2965	11.2246
海莲-秋茄-桐花树	0.5128	0.974	1.668	7.8273	10.9821
半红树	0	0	0.2685	10.2498	10.5183
无瓣海桑-海莲-桐花树-黄槿-榄李	0	0	0	9.9593	9.9593
海莲-秋茄	0	0	0.0196	9.2616	9.2812
海莲-榄李	0	0	0	6.2058	6.2058
桐花树	0	0.0208	0.3659	5.64	6.0267
海莲-红海榄-角果木	0	0.0419	0.2786	5.4782	5.7987
桐花树-角果木-榄李	0	0	0	5.6834	5.6834
桐花树-海莲-尖瓣海莲-木榄	0	0	0	5.5844	5.5844
海桑-无瓣海桑-海莲-桐花树-秋茄-老鼠簕	0	0	0	5.4669	5.4669
无瓣海桑	0	3.534	0.9408	0.5641	5.0389
海莲-老鼠簕-海漆-无瓣海桑-海桑-黄槿	0	0	4.849	0.1325	4.9815
海莲-无瓣海桑-桐花树	0	0	1.242	2.8561	4.0981
红海榄-角果木-白骨壤-秋茄	0	2.2463	0.9434	0.4739	3.6636
水黄皮-杨叶肖槿-海桑-无瓣海桑-桐花树-卤蕨	0	0	0	2.9311	2.9311
海莲-黄槿-海桑-卤蕨	0	0	0	2.8843	2.8843
海桑	0	0	0.6813	2.0317	2.7130
红海榄-角果木-白骨壤	0	0.468	0.9148	1.2404	2.6232
木榄-海莲-尖瓣海莲	0.2033	1.2835	0	0.9373	2.4241
无瓣海桑-海桑-秋茄-桐花树-老鼠簕	0	0	2.2142	0.0932	2.3074
桐花树-海莲-角果木	0	0	0	2.2133	2.2133
秋茄-白骨壤	0	1.8539	0.0089	0.3116	2.1744
海桑-芦苇-老鼠簕	0	0	0.7157	1.2513	1.9670
无瓣海桑-海桑-桐花树-海漆	0	0	0	1.8474	1.8474
老鼠簕-许树	0	0	0	1.7595	1.7595
海莲-黄槿-海桑-老鼠簕	0	0	0	1.6951	1.6951
角果木-榄李	0	0	0	1.6928	1.6928
红海榄-海莲-尖瓣海莲-秋茄	0	1.0172	0.3449	0.2924	1.6545
红海榄-桐花树	0	0.3407	1.1316	0.1408	1.6131

续表

群落类型	极重度灾害区	重度灾害区	中度灾害区	轻度灾害和无虫区	总和
海莲-海桑-桐花树	0	0	0	1.3927	1.3927
木麻黄-榄李-桐花树	0	0	0	1.2365	1.2365
海桑属其他植物	0	0.0503	0.656	0.523	1.2293
海莲-角果木-白骨壤	0	0.2134	0.2623	0.6239	1.0996
桐花树-卤蕨-角果木	0	0	0	1.0774	1.0774
水黄皮-海桑-无瓣海桑-黄槿	0	0	0.2675	0.6042	0.8717
芦苇-卤蕨-老鼠簕	0	0	0	0.7169	0.7169
黄槿-海莲-海漆	0	0.1323	0.471	0	0.6033
榄李-桐花树-海漆	0	0	0	0.5618	0.5618
黄槿-秋茄-红海榄-白骨壤	0	0	0	0.5423	0.5423
榄李-桐花树-无瓣海桑-秋茄	0	0	0	0.326	0.3260
海桑-桐花树	0	0	0	0.2934	0.2934
秋茄-桐花树	0.2039	0	0	0	0.2039
水椰	0.008	0.1317	0	0.009	0.1487
海桑-秋茄	0	0.0005	0.0932	0.0104	0.1041
海漆-水椰-桐花树	0	0	0.0573	0.0451	0.1024
合计	8.18	230.11	125.83	1200.20	1564.32

3.7.4　不同灾害等级的群落组成

3.7.4.1　极重度灾害区

极重度灾害区总面积为 8.18 hm^2，占总面积的 0.52%。其中海莲群落面积最大，为 2.1321 hm^2，其次为白骨壤群落、海莲-木榄群落。各个群落面积大小排列依次如图 3-25 所示。

上述群落中，除海莲、白骨壤、海莲-木榄、红海榄等群落受灾面积比较大，需要特别关注之外，水椰受灾情况也要引起足够的重视。水椰由于其特殊性和稀有性，已经被列入《中国植物红皮书》。在本次调查中，水椰有 0.008 hm^2 为极重度灾害区，虽然面积绝对值不大，但是水椰在东寨港总的分布面积仅有 0.1486 hm^2，水椰的极重度灾害区占到总面积的 5.38%，这个数值是比较高的，需要引起足够的关注。

3.7.4.2　重度灾害区

重度灾害区面积为 230.11 hm^2，占总面积的 14.71%。各个群落面积大小排列依次如图 3-26 所示。

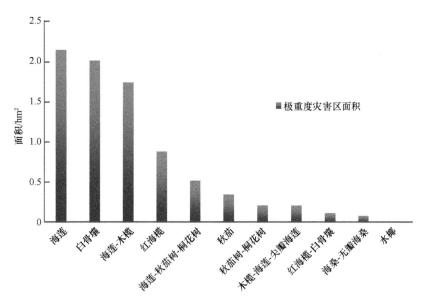

图 3-25　东寨港红树林自然保护区不同群落极重度灾害区的面积

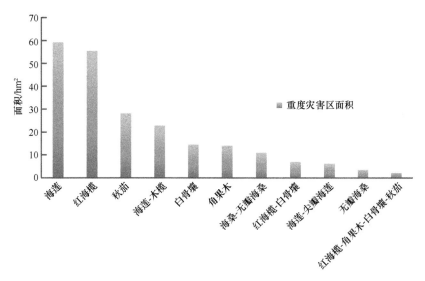

图 3-26　东寨港红树林自然保护区不同群落重度灾害区的面积

极重度灾害区和重度灾害区目前的状态均为林窗（或重新种植），该范围内的植物大多已死亡。从群落组成来看，死亡的物种主要为海莲、红海榄、白骨壤、秋茄，这些物种就是东寨港团水虱暴发的主要受灾物种。

3.7.4.3　中度灾害区

中度灾害区面积为 125.83 hm²，占总面积的 8.04%。各个群落面积大小排列依次如图 3-27 所示。

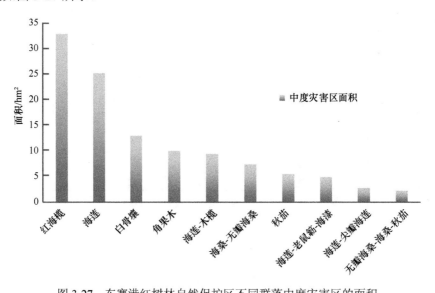

图 3-27　东寨港红树林自然保护区不同群落中度灾害区的面积

3.7.4.4　轻度灾害和无虫区

轻度灾害和无虫区面积为 1200.20 hm²，占总面积的 76.72%。这部分区域的植物群落基本没有受团水虱的影响和破坏。具体的面积大小排列依次如图 3-28 所示。

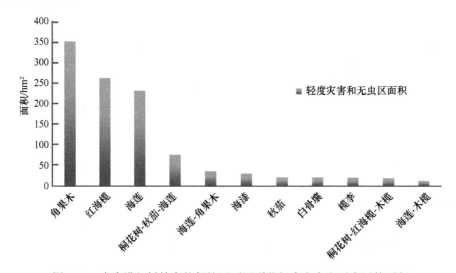

图 3-28　东寨港红树林自然保护区不同群落轻度灾害和无虫区的面积

3.7.5　主要红树植物群落团水虱灾害

由于面积较小的群落类型往往镶嵌在主要群落内部，其受灾情况往往存在偶然性，因此我们主要讨论东寨港红树植物群落（面积大于 10 hm² 的群落），对其受灾指数进行计算，得到红树植物群落受灾等级排序表（表 3-22）。

表 3-22　主要红树植物群落受灾等级排序（群落面积大于 10 hm²）

序号	群落类型	总面积/hm²	受灾指数
1	海莲-尖瓣海莲	11.2246	2.3459
2	海桑-无瓣海桑	22.3557	2.3142
3	海莲-木榄	46.4876	2.2922
4	秋茄	55.4205	2.1309
5	白骨壤	50.7731	1.9448
6	红海榄-白骨壤	18.6682	1.8422
7	海莲	317.0743	1.4719
8	海莲-秋茄-桐花树	10.9821	1.4693
9	红海榄	350.2082	1.4172
10	角果木	374.2386	1.1020
11	半红树	10.5183	1.0255
12	桐花树-秋茄-海莲-老鼠簕-海漆	75.9421	1.0000
13	海莲-角果木	35.6070	1.0000
14	海漆	30.3426	1.0000
15	榄李	20.4687	1.0000
16	桐花树-红海榄-木榄	19.2133	1.0000

3.7.5.1　海莲-尖瓣海莲群落

尖瓣海莲属于红树科木榄属，与海莲、木榄具有较近的亲缘特征，外貌特征上相似性较高，对生境的选择也极其相似，因此常常会与海莲、木榄生长在一起。

根据如下综合评价公式，计算得到 $Z_{海莲-尖瓣海莲}=2.35$，是所有群落中受灾指数最大的群落。说明海莲-尖瓣海莲群落受灾情况非常严重。重度灾害区的比例占到 55.06%，是重度灾害区占比最大的群落类型（表 3-23）。

$$Z = \sum_{1}^{4} A \times d \tag{3-4}$$

式中，Z 为受灾综合指数；A 为受灾面积百分比；d 为受灾等级 1~4。

表3-23　东寨港红树林自然保护区海莲-尖瓣海莲群落受灾等级和面积

总面积/hm²	极重度灾害区		重度灾害区		中度灾害区		轻度灾害和无虫区	
	面积/hm²	比例/%	面积/hm²	比例/%	面积/hm²	比例/%	面积/hm²	比例/%
11.23	0.00	0.00	6.18	55.06	2.75	24.48	2.30	20.46

3.7.5.2 海桑-无瓣海桑群落

根据综合评价公式计算得到$Z_{海桑-无瓣海桑}$=2.31，受灾指数比较高，说明整体受灾严重。其中未受到影响的群落面积比例仅为18.02%（表3-24），是轻度灾害和无虫区比例最少的群落类型。极重度和重度灾害区面积比例为49.11%。由于团水虱营穴居，且有抚育行为，通常一只雌性团水虱会有20只左右的幼虫和卵，并且终生居住直至死亡。因此团水虱在选择钻孔植株时，易选择较大植株，在其他群落的调查中，也发现其有选择较大植株的倾向。

表3-24　东寨港红树林自然保护区海桑-无瓣海桑群落受灾等级和面积

总面积/hm²	极重度灾害区		重度灾害区		中度灾害区		轻度灾害和无虫区	
	面积/hm²	比例/%	面积/hm²	比例/%	面积/hm²	比例/%	面积/hm²	比例/%
22.35	0.08	0.36	10.90	48.75	7.34	32.83	4.03	18.02

3.7.5.3 海莲-木榄群落

根据综合评价公式计算得到$Z_{海莲-木榄}$=2.29，该群落的受灾指数较高，说明整体受灾严重。海莲和木榄都属于红树科（Rhizophoraceae）木榄属（*Bruguiera*）的植物，形态结构及对生境要求非常相似，常常生长在一起形成海莲-木榄群落。从表3-25可以看出，该群落极重度灾害区面积为1.73 hm²，占该群落面积3.72%，重度灾害区面积22.74 hm²，占该群落面积48.01%（表3-25）。说明该群落是受团水虱破坏较早而且破坏程度非常严重的群落类型。

表3-25　东寨港红树林自然保护区海莲-木榄群落受灾等级和面积

总面积/hm²	极重度灾害区		重度灾害区		中度灾害区		轻度灾害和无虫区	
	面积/hm²	比例/%	面积/hm²	比例/%	面积/hm²	比例/%	面积/hm²	比例/%
46.49	1.73	3.72	22.74	48.91	9.41	20.24	12.61	27.12

3.7.5.4 秋茄群落

该群落类型面积55.42 hm²，为秋茄纯林，极重度和重度灾害区面积占总面积的51.3%，根据综合评价公式计算得到$Z_{秋茄}$=2.13。秋茄群落受灾面积虽然不及红海榄和海莲群落，但是综合评分较高，说明群落整体受灾严重。尤其是一些树龄较大的秋茄受到团水虱的影响非常明显,在重度灾害区受灾比例达到 50.69%(表 3-26)。调查发现"威马逊"台风导致大量的秋茄林被风吹倒,随后团水虱侵入倒掉的树干,在划分的时候很难判断时间顺序,因此可能会导致秋茄群落重度灾害区面积偏大。

表 3-26　东寨港红树林自然保护区秋茄群落受灾等级和面积

总面积/hm²	极重度灾害区		重度灾害区		中度灾害区		轻度灾害和无虫区	
	面积/hm²	比例/%	面积/hm²	比例/%	面积/hm²	比例/%	面积/hm²	比例/%
55.42	0.34	0.61	28.09	50.69	5.47	9.87	21.52	38.83

3.7.5.5　白骨壤群落

根据综合评价公式计算得到$Z_{白骨壤}$=1.94。白骨壤群落综合评分较高,说明群落整体受灾严重。从表 3-27 数据中可以发现,白骨壤群落中极重度灾害区面积为 2.00 hm²,占该群落面积的 3.94%,重度灾害区面积 14.52 hm²,占群落面积 28.60%(表 3-27)。这一比例远远高于极重度灾害区和重度灾害区占整个区域红树植物群落面积的百分比 0.52%和 14.71%,进一步说明白骨壤群落不仅是受灾比较严重的群落,也是团水虱最初暴发所在的主要群落类型。

表 3-27　东寨港红树林自然保护区白骨壤群落受灾等级和面积

总面积/hm²	极重度灾害区		重度灾害区		中度灾害区		轻度灾害和无虫区	
	面积/hm²	比例/%	面积/hm²	比例/%	面积/hm²	比例/%	面积/hm²	比例/%
50.77	2.00	3.94	14.52	28.60	12.93	25.47	21.32	41.99

3.7.5.6　红海榄-白骨壤群落

根据综合评价公式计算得到$Z_{红海榄-白骨壤}$=1.84,该值较高,说明红海榄-白骨壤群落受灾情况较严重。红海榄和白骨壤常常混杂生长在低潮带,淹水时间较长,为团水虱提供了适宜的觅食和扩散条件。受灾面积见表 3-28。

表 3-28　东寨港红树林自然保护区红海榄-白骨壤群落受灾等级和面积

总面积/hm²	极重度灾害区		重度灾害区		中度灾害区		轻度灾害和无虫区	
	面积/hm²	比例/%	面积/hm²	比例/%	面积/hm²	比例/%	面积/hm²	比例/%
18.67	0.11	0.59	6.92	37.06	1.56	8.36	10.08	53.98

3.7.5.7　海莲群落

海莲群落是东寨港红树林自然保护区面积第三大的群落类型,面积

317.07hm^2。根据综合评价公式计算得到 $Z_{海莲}$=1.47，从受灾综合指数来看，海莲的受灾程度略高于红海榄。海莲主要分布在中潮位，在地势低洼、长期积水的区域受团水虱影响特别明显。虽然受灾指数仅为 1.47，并不是所有群落中受灾指数最高的群落类型，但其分布广泛，受灾面积较大，有 2.13 hm^2 属于极重度灾害区，59.03 hm^2 为重度灾害区，25.16 hm^2 为中度灾害区（表 3-29），因此，从总体来看受到团水虱破坏的海莲群落分布比较普遍。

表 3-29　东寨港红树林自然保护区海莲群落受灾等级和面积

总面积/hm^2	极重度灾害区		重度灾害区		中度灾害区		轻度灾害和无虫区	
	面积/hm^2	比例/%	面积/hm^2	比例/%	面积/hm^2	比例/%	面积/hm^2	比例/%
317.07	2.13	0.67	59.03	18.62	25.16	7.94	230.75	72.78

3.7.5.8 海莲-秋茄-桐花树群落

该群落以海莲为优势种和建群种，群落中的秋茄和桐花树均为小于 2 m 的灌木，根据综合评价公式计算得到 $Z_{海莲-秋茄-桐花树}$=1.47，属于中等受灾水平。群落中主要受灾的树种为海莲。受灾面积情况见表 3-30。

表 3-30　东寨港红树林自然保护区海莲-秋茄-桐花树群落受灾等级和面积

总面积/hm^2	极重度灾害区		重度灾害区		中度灾害区		轻度灾害和无虫区	
	面积/hm^2	比例/%	面积/hm^2	比例/%	面积/hm^2	比例/%	面积/hm^2	比例/%
10.98	0.51	4.64	0.97	8.83	1.67	15.21	7.83	71.31

3.7.5.9 红海榄群落

红海榄群落是东寨港红树林自然保护区面积第二大的群落类型。根据综合评价公式计算得到 $Z_{红海榄}$=1.42，从受灾综合指数来看，红海榄的受灾程度属于中等水平，但是由于其面积较大，红海榄群落的受灾面积较大，受到团水虱破坏的群落分布比较广泛。受灾面积情况见表 3-31。

表 3-31　东寨港红树林自然保护区红海榄群落受灾等级和面积

总面积/hm^2	极重度灾害区		重度灾害区		中度灾害区		轻度灾害和无虫区	
	面积/hm^2	比例/%	面积/hm^2	比例/%	面积/hm^2	比例/%	面积/hm^2	比例/%
350.21	0.87	0.25	55.33	15.8	32.82	9.37	261.19	74.58

3.7.5.10 角果木群落

角果木群落是东寨港红树林自然保护区面积最大的群落类型，通常连片分布在潮位较高的区域，总面积为 374.24 hm²。根据综合评价公式计算得到 $Z_{角果木}$=1.10，从总体来说，其健康状况较好。在常见群落中，角果木群落是受团水虱影响较小的群落。其中有 93.57% 的区域没有受到团水虱的破坏，但是也有 14.08 hm²，占 3.76% 的群落属于重度灾害区（表 3-32），群落结构被破坏至无法恢复，这些被破坏的群落主要分布在潮位较低的或者潮沟旁边地势低洼的区域。

表 3-32　东寨港红树林自然保护区角果木群落受灾等级和面积

总面积/hm²	极重度灾害区		重度灾害区		中度灾害区		轻度灾害和无虫区	
	面积/hm²	比例/%	面积/hm²	比例/%	面积/hm²	比例/%	面积/hm²	比例/%
374.24	0	0	14.08	3.76	10.00	2.67	350.16	93.57

3.7.5.11　半红树群落

该群落组成主要包括黄槿、水黄皮、苦郎树等。淹水时间较短，受到团水虱影响较轻。根据综合评价公式计算得到 $Z_{半红树}$=1.03，说明分布于高潮带的半红树群落基本没有受到团水虱的影响。受灾面积情况见表 3-33。

表 3-33　东寨港红树林自然保护区半红树群落受灾等级和面积

总面积/hm²	极重度灾害区		重度灾害区		中度灾害区		轻度灾害和无虫区	
	面积/hm²	比例/%	面积/hm²	比例/%	面积/hm²	比例/%	面积/hm²	比例/%
10.52	0	0	0	0	0.27	2.57	10.25	97.43

3.7.5.12　桐花树-秋茄-海莲-老鼠簕-海漆群落

桐花树-秋茄-海莲-老鼠簕-海漆群落面积较大，群落组成复杂，是以桐花树为优势种的建群种。目前没有发现灾害区。综合评价等级为 1。受灾面积情况见表 3-34。

表 3-34　东寨港红树林自然保护区桐花树-秋茄-海莲-老鼠簕-海漆群落受灾等级和面积

总面积/hm²	极重度灾害区		重度灾害区		中度灾害区		轻度灾害和无虫区	
	面积/hm²	比例/%	面积/hm²	比例/%	面积/hm²	比例/%	面积/hm²	比例/%
75.94	0	0	0	0	0	0	75.94	100.00

3.7.5.13　海莲-角果木群落

海莲-角果木混生的群落多以海莲为优势种和建群种，常分布在高潮位，淹水时间较少，不利于团水虱的觅食和扩散，因此海莲-角果木群落基本没有受到团水虱的影响和破坏，根据公式进行计算，得到海莲-角果木综合灾害评价等级指数为 1。

受灾面积情况见表 3-35。

表 3-35　东寨港红树林自然保护区海莲-角果木群落受灾等级和面积

总面积/hm²	极重度灾害区		重度灾害区		中度灾害区		轻度灾害和无虫区	
	面积/hm²	比例/%	面积/hm²	比例/%	面积/hm²	比例/%	面积/hm²	比例/%
35.61	0	0	0	0	0	0	35.61	100.00

3.7.5.14　海漆群落

海漆为大戟科植物，可以分泌有毒汁液，同时海漆常常分布在高潮位，因此不适合团水虱生存，根据公式计算得到海漆群落综合灾害评价等级为 1，说明该群落类型总体状况较好。受灾面积情况见表 3-36。

表 3-36　东寨港红树林自然保护区海漆群落受灾等级和面积

总面积/hm²	极重度灾害区		重度灾害区		中度灾害区		轻度灾害和无虫区	
	面积/hm²	比例/%	面积/hm²	比例/%	面积/hm²	比例/%	面积/hm²	比例/%
30.34	0	0	0	0	0	0	30.34	100.00

3.7.5.15　榄李群落

榄李常分布在高潮位，不适合团水虱觅食和扩散，根据公式计算得到榄李群落综合灾害评价等级为1，说明该群落类型总体状况较好。受灾面积情况见表 3-37。

表 3-37　东寨港红树林自然保护区榄李群落受灾等级和面积

总面积/hm²	极重度灾害区		重度灾害区		中度灾害区		轻度灾害和无虫区	
	面积/hm²	比例/%	面积/hm²	比例/%	面积/hm²	比例/%	面积/hm²	比例/%
20.47	0	0	0	0	0	0	20.47	100.00

3.7.5.16　桐花树-红海榄-木榄群落

桐花树-红海榄-木榄群落以桐花树为优势种和建群种，主要分布在高潮位较高的区域。目前没有发现明显的灾害。根据综合评价公式计算得到该群落综合灾害评价等级为1。受灾面积情况见表 3-38。

表 3-38　东寨港红树林自然保护区桐花树-红海榄-木榄群落受灾等级和面积

总面积/hm²	极重度灾害区		重度灾害区		中度灾害区		轻度灾害和无虫区	
	面积/hm²	比例/%	面积/hm²	比例/%	面积/hm²	比例/%	面积/hm²	比例/%
20.47	0	0	0	0	0	0	20.47	100.00

3.7.6　4 个区域团水虱暴发程度比较

为了方便管理，根据空间位置关系，东寨港红树林自然保护区将管理范围划分为 4 个区域，分别为塔市区、道学区、三江区和罗豆区。4 个区域由于所处的地理位置不同，区内的人类活动类型也有差异。

道学区是保护区管理局所在区域，是目前旅游服务业最发达的区域；塔市区主要的人类活动为虾塘养殖；三江区和罗豆区的水产养殖也较发达，但是三江区的养殖较为集中。

将东寨港红树林自然保护区分区图和团水虱暴发等级图（图 3-29）进行叠加，得到各个区域团水虱暴发程度分布图和分布面积，如表 3-39 所示。

根据综合评价公式计算 4 个区域团水虱灾害的综合评价指数（表 3-39）。

对受灾综合指数进行比较可以看出，道学区 1.92，受灾最为严重，其次是罗豆区 1.59，塔市区 1.37，受灾程度最小的为三江区 1.08，下面对各个区分别进行分析。

3.7.6.1　道学区

道学区是东寨港红树林自然保护区人类活动强度最大的区域，主要的人类活动包括养殖业、旅游业、餐饮服务业等。该区红树植物群落面积为 172.63 hm^2，受灾综合指数 1.92，是四个区域中受灾最为严重的区域。极重度和重度灾害区面积 66.18 hm^2，占该区总面积的 38.34%。

极重度灾害区面积 4.81 hm^2，主要群落类型包括海莲群落 2.43 hm^2，海莲-木榄群落 2.03 hm^2，秋茄、秋茄-桐花树、水椰、角果木群落共计 0.35 hm^2。

重度灾害区面积 61.37 hm^2，主要群落类型包括海莲群落 30.35 hm^2，海莲-木榄群落 25.39 hm^2，红海榄-角果木-白骨壤-秋茄群落 2.62 hm^2，角果木群落 1.06 hm^2，红海榄群落 0.84 hm^2，红海榄-桐花树群落 0.39 hm^2，秋茄群落 0.34 hm^2，其他群落类型共计 0.38 hm^2。

中度灾害区面积 21.68 hm^2，主要群落类型包括海莲-木榄群落 8.43 hm^2，海莲群落 7.74 hm^2，红海榄-桐花树群落 1.01 hm^2，角果木群落 0.96 hm^2，红海榄-角果木-白骨壤-秋茄群落 0.76 hm^2，海桑属（除无瓣海桑）群落 0.59 hm^2，秋茄群落 0.55 hm^2，红海榄群落 0.41 hm^2，桐花树群落 0.33 hm^2，其他群落类型 0.9 hm^2。

轻度灾害和无虫区面积 84.77 hm^2，主要群落类型为角果木群落 33.91 hm^2，海莲群落 22.26 hm^2，海莲-木榄群落 11.77 hm^2，桐花树-秋茄-海莲-老鼠簕-海漆群落 7.70 hm^2，半红树群落 2.18 hm^2，角果木-榄李群落 1.78 hm^2，海莲-秋茄-桐花树群落 1.47 hm^2，榄李群落 1.14 hm^2，红海榄群落 0.76 hm^2，海桑属（除无瓣海桑）群落 0.55 hm^2，其他群落 1.25 hm^2。

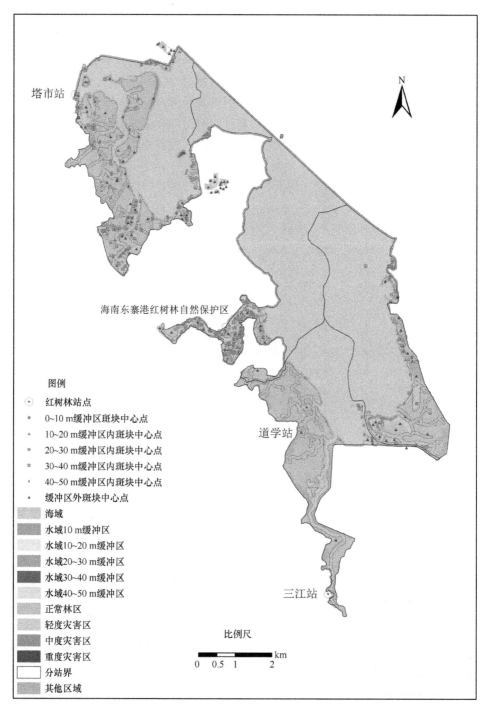

图 3-29 潮沟不同缓冲区范围团水虱暴发等级图（彩图请扫封底二维码）

表 3-39　东寨港红树林自然保护区 4 个区域受灾等级和面积

区域	受灾综合指数	红树植物群落面积/hm²	极重度灾害区		重度灾害区		中度灾害区		轻度灾害和无虫区	
			面积/hm²	比例/%	面积/hm²	比例/%	面积/hm²	比例/%	面积/hm²	比例/%
道学区	1.92	172.63	4.81	2.79	61.37	35.55	21.68	12.56	84.77	49.10
罗豆区	1.59	276.66	0.29	0.10	67.78	24.50	26.64	9.63	181.95	65.77
塔市区	1.37	685.59	3.00	0.44	95.85	13.98	54.54	7.96	532.20	77.63
三江区	1.08	429.44	0.07	0.02	5.11	1.19	22.98	5.35	401.28	93.44

从以上数据可以看出，海莲-木榄群落和海莲群落是道学区受灾比较严重的群落类型；而角果木、桐花树、榄李等状况较好。

3.7.6.2　罗豆区

罗豆区红树植物群落面积 276.66 hm²，受灾综合指数 1.59，受灾程度较为严重。罗豆区主要的人类活动为养殖业，养殖污水和生活污水大量地排入红树林区域。

罗豆区红树林极重度灾害区面积 0.29 hm²，包括秋茄群落 0.26 hm²，海桑-无瓣海桑群落 0.03 hm²，这部分面积在 4 个区域中排序第三。

重度灾害区面积 67.78 hm²。由于重度灾害区的遥感判定主要是根据 2014 年 7 月台风后的灾害情况，罗豆区红树林的分布是迎着"威马逊"台风登陆的方向，台风对其造成了严重的破坏。虽然随后进行了地面调查进行验证，确定死亡树木有大量团水虱分布，但是团水虱有可能是在树木受台风影响死亡之后大量出现的，也有可能原来数量未达到重度灾害，但是台风导致树木大量死亡，团水虱的数量才会剧增。在实际调查中，很难清楚地分割台风影响和团水虱影响，主要还是依靠遥感影像对受损情况进行确定，因此罗豆区重度灾害区的面积有可能比实际情况偏大。受损的主要植物群落包括海莲群落 28.64 hm²，秋茄群落 23.71 hm²，海桑-无瓣海桑群落 8.60 hm²，角果木群落 3.87 hm²，秋茄-白骨壤群落 1.65 hm²，无瓣海桑群落 0.80 hm²，白骨壤群落 0.29 hm²，其他群落 0.22 hm²。

中度灾害区面积 26.64 hm²，群落组成包括海莲群落 15.53 hm²，海桑-无瓣海桑群落 3.89 hm²，海桑-老鼠簕群落 2.45 hm²，角果木群落 2.44 hm²，其他群落 2.33 hm²。上述台风原因，这部分面积可能被划为重度灾害区，而导致比实际值偏小。

轻度灾害和无虫区面积 181.95 hm²，群落组成包括海莲群落 95.93 hm²，秋茄群落 22.57 hm²，海莲-桐花树群落 20.43 hm²，角果木群落 19.65 hm²，桐花树-角果木-榄李群落 6.04 hm²，海莲-红榄-角果木群落 5.83 hm²，海莲-秋茄-桐花树群落 2.54 hm²，桐花树-海莲-角果木群落 2.35 hm²，白骨壤群落 1.24 hm²，其他群落 5.37 hm²。

从罗豆区的数据可以看出，台风后罗豆区受团水虱影响比较明显，之前灾害严重的群落仅占 0.11%，台风导致了受损树木的大量死亡，而死亡树木的剧增促进了团水虱在该区的扩张，致使严重受损区面积占到 24.50%，受到影响的主要群落为海莲群落和秋茄群落。

3.7.6.3　塔市区

塔市区红树林面积685.59 hm²，是4个区域中面积最大的。受灾综合指数1.37，塔市区养殖业较发达。

极重度灾害区面积3.00 hm²，包括白骨壤群落1.60 hm²，红海榄群落0.69 hm²，海莲群落0.54 hm²，木榄群落0.17 hm²。

重度灾害区面积95.85 hm²，其中红海榄群落54.49 hm²，白骨壤群落14.17 hm²，角果木群落8.79 hm²，红海榄-白骨壤群落6.92 hm²，海莲群落6.17 hm²，海莲-木榄-尖瓣海莲群落3.02 hm²，红海榄-海莲群落1.02 hm²，海莲-秋茄群落0.82 hm²，红海榄-角果木-白骨壤群落0.45 hm²。

中度灾害区面积54.54 hm²，其中红海榄群落26.72 hm²，白骨壤群落12.75 hm²，角果木群落6.51 hm²，海莲-尖瓣海莲群落2.85hm²，海莲群落2.53 hm²，红海榄-白骨壤群落1.61 hm²，红海榄-角果木-白骨壤群落0.94hm²，其他群落1.63 hm²。

轻度灾害和无虫区面积532.20 hm²，包括红海榄群落250.85 hm²，角果木群落232.07 hm²，白骨壤群落16.71 hm²，红海榄-白骨壤群落10.38 hm²，海莲群落7.81 hm²，其他群落14.38 hm²。

塔市区受损比较严重的群落为白骨壤群落和红海榄群落。

3.7.6.4　三江区

三江区红树林面积为429.44 hm²，受灾综合指数1.08，是4个区域中受损最轻的区域。

极重度灾害区面积0.07 hm²，其中海桑-无瓣海桑群落0.04 hm²，海莲-秋茄-桐花树群落0.03 hm²。

重度灾害区面积5.11 hm²，其中无瓣海桑群落2.64 hm²，海桑-无瓣海桑群落1.24 hm²，秋茄群落1.08 hm²，其他群落0.15 hm²。

中度灾害区面积22.98 hm²，其中海桑-无瓣海桑面积8.64 hm²，海莲-老鼠簕-海漆群落5.63 hm²，海莲-秋茄-桐花树群落1.71 hm²，无瓣海桑群落1.36 hm²，其他群落5.64 hm²。

轻度灾害和无虫区面积401.28 hm²，其中海莲群落110.48 hm²，角果木群落70.13 hm²，桐花树-秋茄-海莲-老鼠簕-海漆群落67.37 hm²，海莲-角果木群落35.27 hm²，海漆群落30.05 hm²，榄李群落19.21 hm²，无瓣海桑-海莲-桐花树-榄李群落9.86 hm²，海莲-秋茄群落9.17 hm²，海莲-榄李群落6.15 hm²，海桑-无瓣海桑群落5.41 hm²，其他群落38.18 hm²。

三江区受团水虱影响较小，目前来看，受到破坏的群落以海桑群落和无瓣海桑群落为主。

3.7.7　红树林团水虱暴发的空间特征

3.7.7.1　团水虱暴发与潮沟的位置关系

选择宽度大于 1 m 的所有潮沟，在潮沟外侧做 0～10 m、10～20 m、20～30 m、30～40 m、40～50 m 的缓冲区，将缓冲区图与团水虱暴发图进行叠加，得到不同缓冲区范围内团水虱灾害情况，如图 3-29 所示。

根据图 3-29，计算缓冲区内团水虱暴发斑块中心点个数，如表 3-40 所示，东寨港红树林自然保护区的 0～10 m、10～20 m、20～30 m、30～40 m、40～50 m 缓冲区内，团水虱不同暴发等级的中心点总数分别为 97 块、105 块、58 块、46 块和 18 块。可知受灾区的斑块中心点主要集中在 0～10 m 和 10～20 m 缓冲区范围内，而在 40～50 m 的缓冲区内受灾斑块的中心点最少。

表 3-40　潮沟不同宽度缓冲区范围内群落受灾中心点个数

缓冲区宽度/m	正常林区/个	轻度灾害区/个	中度灾害区的/个	重度灾害区/个	斑块中心点总数/个
0～10	22	31	25	19	97
10～20	14	48	32	11	105
20～30	14	18	25	1	58
30～40	18	15	12	1	46
40～50	6	7	4	1	18

3.7.7.2　团水虱暴发与淹水时间的关系

团水虱的扩散和觅食都需要在淹水环境下进行，因此淹水时间的长短和受灾等级会有一定的联系。为了证实这个推论，我们在 2015 年 8 月 6～21 日对红海榄、白骨壤、海莲群落各个灾害等级每天的淹水时间进行了监测。结果如图 3-30～图 3-32 所示。

从图 3-30～图 3-32 可以看出，白骨壤群落和红海榄群落不同受灾等级的淹水时间是存在显著差异的，但是海莲群落的受灾程度与淹水时间关系不明显。说明淹水时间越长，会增加白骨壤和红海榄群落中的团水虱数量，但是海莲群落受灾程度不受淹水时间影响。

3.7.7.3　团水虱暴发与养殖业和居民点的位置关系

以海岸线为界，2000 m 为半径，设置缓冲区，判读缓冲区内的居民区和养殖塘（图 3-33）。将缓冲区范围划分为 20 个等面积斑块，计算每个划分区内的居民区面积、居民区斑块数、养殖塘面积、养殖塘斑块数、各灾害等级的面积和斑块数等信息。分析养殖业与居民点对团水虱暴发的影响。

运用团水虱危害综合评价法,计算各划分区受团水虱灾害状况;构建能够综合表示各划分区域居民区、养殖塘的斑块数及面积信息的指数居民区系数 D 和养殖塘系数 E。

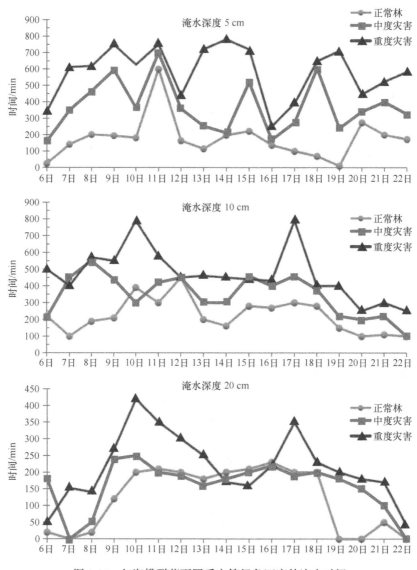

图 3-30 红海榄群落不同受灾等级各深度的淹水时间

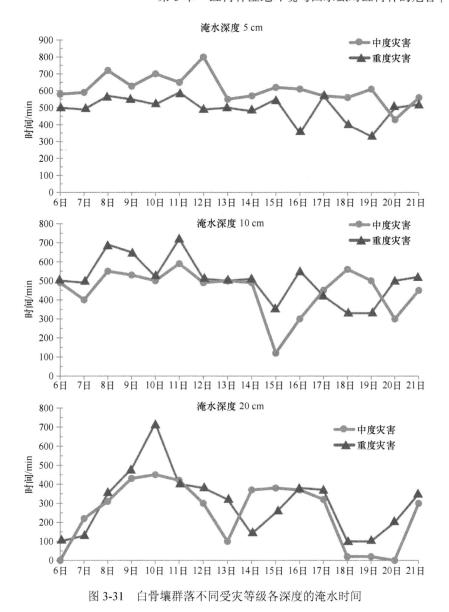

图 3-31　白骨壤群落不同受灾等级各深度的淹水时间

$$D_i = N_i^{S_i} / T_{S_i} \qquad (3\text{-}5)$$

式中，i 为第 i 划分区域；N_i 为第 i 划分区内居民区斑块个数；S_i 为第 i 划分区内居民区斑块总面积；T_{S_i} 为第 i 划分区总面积。

$$E_i = N_i^{S_i} / T_{S_i} \qquad (3\text{-}6)$$

式中，i 为第 i 划分区域；N_i 为第 i 划分区内养殖塘斑块个数；S_i 为第 i 划分区内养殖塘斑块总面积；T_{S_i} 为第 i 划分区总面积。

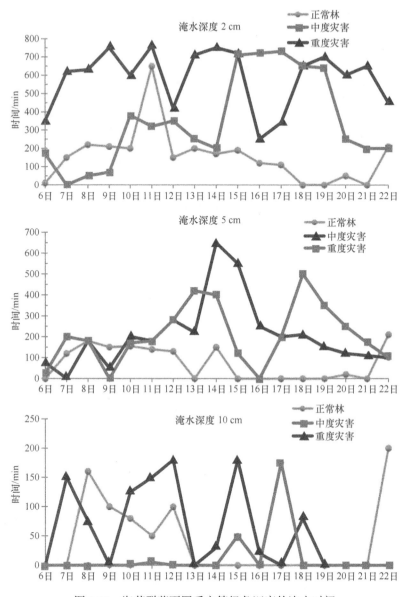

图 3-32　海莲群落不同受灾等级各深度的淹水时间

区域 4 内分布的红树林团水虱危害程度最大（$P=3.77$），此区域居民区的斑块数、养殖塘的斑块数、居民区系数 D 均高于其他区域，分别为 66、36、856.87。养殖塘系数 E 为 172.43。区域 5 内分布的红树林团水虱危害程度最小（$P=0.1$），此区域居民区的斑块数、养殖塘的斑块数分布较少，分别为 24、13（表 3-41），居民区系数 D 和养殖塘系数 E 与其他区域相比很高，分别为 487.70 和 135.22。可知，居民区斑块数、养殖塘斑块数、居民区系数 D 和养殖塘系数 E 不是表示团水虱危害程度的单一因素。

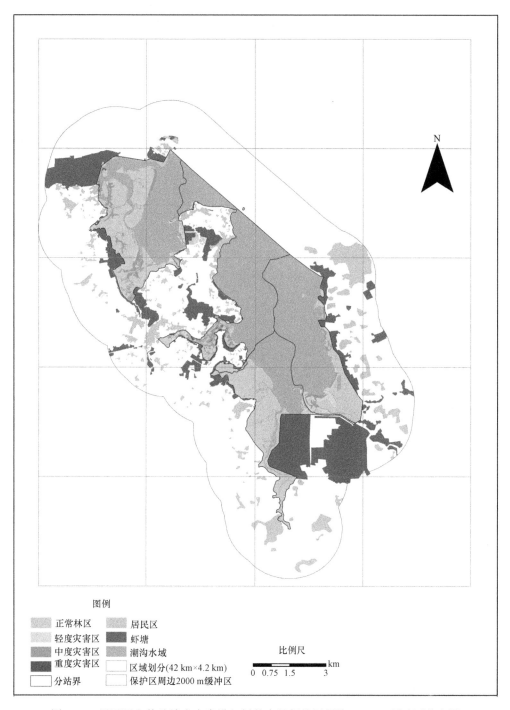

图例

正常林区　　　居民区
轻度灾害区　　虾塘
中度灾害区　　潮沟水域
重度灾害区　　区域划分(42 km×4.2 km)
分站界　　　　保护区周边2000 m缓冲区

比例尺
0　0.75　1.5　　　　3 km

图 3-33　居民区和养殖塘在东寨港红树林自然保护区周边 2000 m 缓冲区分布图
（彩图请扫封底二维码）

表 3-41 不同区域居民点和养殖塘数据信息

区域划分	居民区系数 D	养殖塘系数 E	居民区斑块数	养殖塘斑块数	团水虱灾害评价指数	重度灾害区斑块数	中度灾害区斑块数	轻度灾害区斑块数	正常林区斑块数
1	513.78	57.22	22	12	1.07	6	28	32	58
2	294.87	46.64	19	7	2.36	0	18	31	17
3	288.42	176.80	17	14	2.55	4	29	29	51
4	856.87	172.43	66	36	3.28	29	62	64	59
5	487.70	135.22	24	13	0.1	0	0	0	8
6	253.89	89.05	32	8	2.09	10	17	0	37
7	301.16	33.80	25	22	0.89	2	7	20	32

第 4 章　团水虱危害的防治方法

团水虱是生活在潮间带暖水海域的一类海洋钻孔动物，在全球红树林区广泛分布（Lee Wilkinson，2004），团水虱常在红树林树干基部和气生根上蛀洞，虽然它们和红树林之间没有牧食关系（John，1971；Thiel，1999），但却会对红树林造成严重影响（Rice et al.，1990；Cragg et al.，1999）。郑德璋、廖宝文等在 1999 年即发现我国海南东寨港部分红树林受到污损动物团水虱危害，并将其列入红树林有害生物之一（郑德璋等，1999）。由于受团水虱危害，在泥质潮间带下部水道边沿一带很多红树植物因气生根被蛀空缺少根系支撑而倒伏（Jorundur et al.，2002）。

近年来，咸水鸭养殖、过度捕捞、养殖塘及工农业排污等，导致海南东寨港团水虱大量暴发，保护区内红树林生长受到了严重干扰（林华文和林卫海，2013），红树林衰退面积达 300 hm^2，其中死亡面积达 4 hm^2 以上，以红树科植物受害最重，如在木榄群落中呼吸根及基干部被蛀蚀成海绵状密集孔洞，平均每株可达 618 孔，导致木榄群落木质部完全被蛀空而倒伏死亡（孙艳伟等，2015；徐蒂等，2014）。

目前全球对团水虱的研究多集中于团水虱的生物学特性、暴发原因、危害特点、危害机制等方面（范航清等，2014；Brooks，2004；邱勇等，2013），但是对如何快速有效而又持久防治团水虱的技术方法仍鲜有报道。

4.1　物　理　防　治

4.1.1　塑料薄膜覆盖法

首先选择合适的受到团水虱侵害的红树林植株，对植株的根部进行清理，使其根部受损部位尽可能地暴露出来。再用塑料薄膜包裹植株受害部位，至其上缘为止。使用胶带或者绑绳将薄膜上部封死，下部则用淤泥进行覆盖密封。利用塑料薄膜对受害程度为轻度或中度植株的受损部位进行包裹，可以减少或隔离受损部位蛀穴内的团水虱与外界水体的接触，并且减少包裹部位蛀穴内团水虱的食物和氧气供给，从而将其困死在蛀穴内，降低其对树体损害的同时降低红树林虫害区域的团水虱数量，达到保护和防治的目的。

4.1.2　生石灰消杀法

生石灰溶于水会释放大量的热，释放的热量越多，消杀的效果就越强。在实验室内，生石灰水对团水虱的消杀效果明显，其中在 1∶1 配比的石灰水中，90 min 就可达到一半的消杀效果，但在野外进行喷洒时要根据具体环境情况配以恰当浓度来进行防治。

4.1.3 高低温处理防治团水虱

如表 4-1 所示，45℃高温和 5℃低温处理对有孔团水虱均具有显著的消杀效果，5 min 后即可取得明显的消杀效果。10℃和 40℃条件下在 10 min 处理时间内的消杀作用不明显，说明广西沿海地区冬季的低温无法冷到足以杀死有孔团水虱或严重阻碍木蛀虫活动的程度，而夏季的高温对有孔团水虱的影响也非常有限。

表 4-1 室内不同温度处理下团水虱的存活率

温度处理/℃	存活率/%									
	1 min	2 min	3 min	4 min	5 min	6 min	7 min	8 min	9 min	10 min
5	100	100	100	100	62	58.7	37.9	20.7	17.2	17.2
10	100	100	100	100	100	100	100	100	100	100
40	100	95	95	95	95	95	95	95	90	90
45	100	95	90	35	10	0	0	0	0	0

林间低温处理防治团水虱试验结果：干冰灭火器要接近试验对象才能获得比较好的效果。用低温处理对成本要求较高，冬季使用时，与环境的温差小，效果相对较好。

林间高温蒸汽防治团水虱试验结果：遭喷射的团水虱在短时间内就出现死亡，而未死亡的个体主要是因为蒸汽未接触到。该方法原理上可行，但是操作比较困难，蒸汽难以进入蛀孔内部。

4.1.4 高盐浸渍防治效果

试验结果：使用高盐浸渍法在广西北海进行小面积的团水虱防治，用 3 种不同的处理方法（表 4-2）处理 2 h 后检查的防治效果达 70%以上，其中直接敷食盐和敷饱和盐水的效果更好，达 90%以上。经过 1 次潮汐后，高盐处理后的周边滩涂土壤的盐度基本恢复到背景值，后期连续跟踪调查，除在高盐处理的枝干位置处常萌生气生根外未发现其他异常（图 4-1）。

4.1.5 一种利用盐浸处理防治团水虱的方法

现有的红树林团水虱防治方法基本停留在室内实验阶段，在野外实施起来可

表 4-2　不同盐浸处理的防治效果

处理方法	观察个体数	2 h	死亡率/%	24 h	死亡率/%
纯盐处理	50	48	96	50	100
盐泥混合处理	50	36	72	41	82
饱和盐水处理	50	46	92	48	96
空白对照	50	50	0	50	0

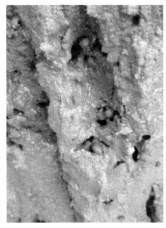

图 4-1　高盐浸渍防治效果检查

操作性不强。海南东寨港曾使用物理隔离的方法来防治团水虱，但依然无法阻挡当地团水虱的大规模扩散和暴发。

4.1.5.1　发明内容

本发明旨在提供一种成本低、杀虫效果好、操作方便、高效环保，能够提高造林成活率的防治红树林团水虱虫害的方法。

为了实现上述发明目的，本发明的技术方案如下。

一种红树林团水虱虫害的防治方法，应注意：植株选择、防治时间、防治预处理和盐浸处理工序，选择受到团水虱侵害的红树植物，对其受害部位进行盐浸处理，具体操作步骤如下。

（1）植株选择：选择受到团水虱侵染危害或已被蛀死的红树植物。

（2）防治时间：在退潮后或涨潮潮水淹没红树植物根部的前 2 h 内进行。

（3）防治预处理：喷水淋湿红树植物的受害部位。

（4）盐浸处理：采用盐敷、涂抹和喷洒的方式对红树植物的受害部位进行盐浸处理。

以上所述的盐敷是将食盐敷在红树植物的蛀孔处（食盐用量以能够堵住蛀口

为准)。

以上所述的涂抹是将食盐与滩涂上的淤泥或涂料混合后涂抹在红树植物的蛀孔处(混合比例4:1)。

以上所述的喷洒是将食盐溶于水中得到饱和食盐水,将饱和食盐水向红树植物的蛀孔处进行喷洒。

以上所述的涂料优选凡士林(或其他具有黏性的无毒材料)。

以上所述的盐浸处理后2～3 h,用淡水喷淋被处理部位,降低周边环境的盐度。

相对于现有技术,本发明具有的优点和积极效果如下。

(1)本发明采用食盐进行杀虫,原料易得,耗材成本低,同时,食盐不含砷、铬等对人畜有害的重金属物质,无污染,使用安全,有利于保护生态环境。

(2)本发明采用盐浸处理2 h后,检查红树植物被害部位的防治效果达100%,并且不影响红树植物的生长发育;经过后期连续的跟踪调查,盐浸处理对红树林滩涂环境基本无影响。

(3)本发明方法简单、容易操作、成本低、杀虫效果好,能有效提高红树林的成活率,适于推广应用,具有良好的经济效益、社会效益和生态效益。

4.1.5.2 具体实施方式

下面结合具体实施例对本发明作进一步说明。

实施例1

一种红树林团水虱虫害的防治方法,选择受到团水虱侵染危害或已被蛀死的红树植物。在退潮后或涨潮潮水淹没红树植物根部的前2 h内进行盐浸处理。盐浸处理之前,先喷水淋湿红树植物的受害部位,使在进行盐浸处理时,盐分能更快速地进入蛀孔内。然后用食盐敷在红树植物的蛀孔处(食盐用量以能够堵住蛀口为准),对红树植物的受害部位进行盐浸处理。处理2 h后检查的防治效果达100%,经过后期连续的跟踪调查,对红树林滩涂环境基本无影响。对大面积的受害红树林植物进行盐浸处理,在盐浸处理2 h后,用淡水喷洒被处理部位,降低周边环境的盐度。

实施例2

一种红树林团水虱虫害的防治方法,选择受到团水虱侵染危害或已被蛀死的红树植物。在退潮后或涨潮潮水淹没红树植物根部的前2 h内进行盐浸处理。盐浸处理之前,先喷水淋湿红树植物的受害部位,使在进行盐浸处理时,盐分能更快速地进入蛀孔内。先将食盐溶于水中得到饱和食盐水,将饱和食盐水向红树植物的蛀孔处进行喷洒,对红树植物的受害部位进行盐浸处理。处理2 h后检查的防治效果达 100%，经过后期连续的跟踪调查，对红树林滩涂环境基本无影响。对大面积的受害红树林植物进行盐浸处理，在盐浸处理 2 h 后，用淡水喷洒被处理部位，降低周边环境的盐度。

实施例 3

一种红树林团水虱虫害的防治方法，选择受到团水虱侵染危害或已被蛀死的红树植物。在退潮后或涨潮潮水淹没红树植物根部的前 2 h 内进行盐浸处理。盐浸处理之前，先喷水淋湿红树植物的受害部位，使在进行盐浸处理时，盐分能更快速地进入蛀孔内。用食盐与滩涂上的淤泥混合后涂抹在红树植物的蛀孔处。处理 2 h 后检查的防治效果达 100%，经过后期连续的跟踪调查，对红树林滩涂环境基本无影响。对大面积的受害红树林植物进行盐浸处理，在盐浸处理 2 h 后，用淡水喷洒被处理部位，降低周边环境的盐度。

实施例 4

一种红树林团水虱虫害的防治方法，选择受到团水虱侵染危害或已被蛀死的红树植物。在退潮后或涨潮潮水淹没红树植物根部的前 2 h 内进行盐浸处理。盐浸处理之前，先喷水淋湿红树植物的受害部位，使在进行盐浸处理时，盐分能更快速地进入蛀孔内。用食盐与涂料按 4∶1 混合后涂抹在红树植物的蛀孔处。处理 2 h 后检查的防治效果达 100%，经过后期连续的跟踪调查，对红树林滩涂环境基本无影响。对大面积的受害红树林植物进行盐浸处理，在盐浸处理 2 h 后，用淡水喷洒被处理部位，降低周边环境的盐度。

4.1.5.3　讨论

相对于现有技术，采用食盐浸渍防治团水虱具有如下的优点和积极效果：本发明采用食盐进行杀虫，原料易得，耗材成本低，同时，食盐不含砷、铬等对人畜有害的重金属物质，无污染，使用安全，有利于保护生态环境。采用盐浸处理 2 h 后，检查红树植物被害部位的防治效果达 100%，并且不影响红树植物的生长发育；经过后期连续的跟踪调查，盐浸处理对红树林滩涂环境基本无影响。该方法简单、容易操作、成本低、杀虫效果好，能有效提高红树林的成活率，适于推广。

4.2　化　学　防　治

4.2.1　红树林有害生物团水虱双重药剂防治技术研究

本研究提出了一种利用双重药剂喷涂法防控团水虱的技术，所采用的药剂木材渗透性强，不易被海水冲刷，具有很好的持续控制效果，且对鱼类等水生生物低毒，对环境友好无污染（管伟等，2019a）。

4.2.1.1 实验材料

包括药剂Ⅰ和药剂Ⅱ，药剂Ⅰ由硼基防腐剂、助剂和水混合制得，按质量百分比进行配制，分别为硼基防腐剂 20%～30%、助剂 30%～40%、水 30%～50%，其中硼基防腐剂由硼酸和硼砂按照质量比 1∶(2～4)混合得到，助剂由增溶剂（十二烷基硫酸钠和十二丙基苯磺酸钠中的至少一种）和助溶剂（聚乙二醇）按照质量比 1∶(2～3)组成。药剂Ⅰ的制备方法为：将硼酸和硼砂混合，然后加入水，搅拌 10～20 min，接着加入增溶剂和助溶剂，搅拌 30 min 即得到均一的溶液；药剂Ⅱ为环烷酸铜的柴油稀释液，其中环烷酸铜的质量百分比为 0.25%～0.50%（表 4-3）。

表 4-3　防治团水虱双重药剂配比（质量比例）

处理	药剂Ⅰ/%			药剂Ⅱ/%		药剂Ⅰ						
	硼基防腐剂	助剂	水	环烷酸铜	柴油	硼基防腐剂		增溶剂		助溶剂		
						硼酸	硼砂	十二烷基硫酸钠	十二丙基苯磺酸钠	聚乙二醇-200	聚乙二醇-300	聚乙二醇-400
对照	/	/	100	/	/	/	/	/	/	/	/	/
处理1	20	30	50	0.25	99.75	1	2	1	/	/	2	/
处理2	30	40	30	0.50	99.50	1	4	/	1	/	/	3
处理3	30	30	40	0.30	99.70	1	2	1	/	3	/	/
处理4	25	35	40	0.40	99.60	1	3	/	1	2	/	/

4.2.1.2 实验方法

1. 室内防治实验方法

于海南东寨港宫后村沿岸受团水虱危害的红树林（白骨壤、海莲、木榄等）中随机截取受团水虱危害显著的死树树段 36 段，4 个木段为 1 组，共分为 9 组，设 1 组空白对照处理和 8 组实验处理，空白对照处理 4 个木段直接用水喷湿后用塑料薄膜包裹严实；6 组实验处理分别喷涂处理 1～4 和对比处理 5、6 的药剂，首先对各处理的 4 个木段喷涂药剂Ⅰ 3 遍，每次以不滴水为宜；待药剂Ⅰ稍干后，再喷涂药剂Ⅱ 2 遍；然后 4 个木段用同一塑料薄膜完全、严实地包裹在一起。另外 2 个实验组分别仅喷涂实施例 3 中的药剂Ⅰ或药剂Ⅱ 3 遍，然后 4 个木段用同一塑料薄膜完全、严实地包裹在一起（表 4-4）。

表 4-4 防治团水虱双重药剂的对比处理（质量比例）

对比处理	药剂Ⅰ/%			药剂Ⅱ/%		药剂Ⅰ								
	硼基防腐剂	助剂	水	环烷酸铜	柴油	硼基防腐剂		增溶剂			助溶剂			
						硼酸	硼砂	吐温-80	十二烷基硫酸钠	十二丙基苯磺酸钠	聚乙二醇-200	聚乙二醇-300	聚乙二醇-400	丙三醇
对比处理 1	10	30	60	/	/	1	0	/	1	/	2	/	/	/
对比处理 2	30	30	40	/	/	1	2	/	1	/	1	/	/	/
对比处理 3	30	30	40	/	/	1	2	/	1	/	/	/	/	3
对比处理 4	30	30	40	/	/	1	2	1	/	/	3	/	/	/
对比处理 5	20	30	50	0.25	99.75	1	1	/	1	/	/	2	/	/
对比处理 6	30	30	40	0.30	99.70	1	5	/	1	/	3	/	/	/

2. 野外防治试验方法

于 2015 年 10 月对海南东寨港宫后村沿岸受团水虱危害的红树林（白骨壤、海莲、木榄等）开展了防治效果的试验，在团水虱危害严重的林地里，随机选择有活团水虱危害的死树和活树（虫口密度大）各 40 株，并各随机分成 4 组，进行标记；在海水退潮露出泥滩，树干基本干燥后，分别采用室内处理 1～4 的药剂配比，在树干遭受团水虱危害的部位首先喷涂药剂Ⅰ 2～3 遍，每次以不滴水为宜；待受害树干部分表面稍干后，再喷涂药剂Ⅱ 2～3 遍；使用塑料布紧密包裹涂有双重药剂的部位，并用绳子拴牢系紧；防治 2 h 后检查团水虱死亡率。

4.2.1.3 室内防治实验效果

首先根据处理 1～4 的药剂配比进行了 6 组对比处理实验，以确定最终室内团水虱防治实验所采用的药剂组合，结果如下。

对比处理 1：药剂Ⅰ在配制后搅拌 30 min 发现仍有较多的白色粉末状晶体不溶，静置 30 min 白色粉末状晶体量增加，推测该白色粉末状晶体为硼酸，在该体系中硼酸的溶解度低，且不稳定，易析出。

对比处理 2：药剂Ⅰ在配制后静置 2 h 发现体系中有白色晶体析出，与处理 3 相比，本处理增溶剂和助溶剂比例由 1：3 改为 1：1，可见，增溶剂和助溶剂比例的改变会影响增溶和助溶的过程，导致体系不稳定。

对比处理 3：药剂Ⅰ在配制后搅拌 30 min 发现仍有小部分白色粉末状晶体不溶，继续搅拌 30 min，白色粉末状晶体仍不溶，与处理 3 相比，本处理中将助溶剂聚乙二醇-200 替换为丙三醇，结果助溶效果不理想。

对比处理 4：药剂Ⅰ在配制后搅拌 30 min 发现仍有大量白色粉末状晶体不溶，继续搅拌 30 min，白色粉末状晶体仍不溶，与处理 3 相比，本处理中将助溶剂"十二烷基硫酸钠"替换为"吐温-80",结果增溶效果不理想。

对比处理 5:药剂Ⅰ可得到均一溶液,与处理 1 相比,本处理中硼酸和硼砂比例由 1:2 改为 1:1。

对比处理 6:药剂Ⅰ可得到均一溶液,与处理 3 相比,本处理中硼酸和硼砂比例由 1:2 改为 1:5。

鉴于以上结果,室内实验对比处理 1~4 的药剂Ⅰ均无法得到均一的溶液,因此室内团水虱防治实验除采用处理 1~4 的药剂外还选择了对比处理 5、对比处理 6、单独使用药剂Ⅰ、单独使用药剂Ⅱ和对照处理,共 9 个处理。实验结果如表 4-5 所示。

表 4-5 各药剂处理对团水虱的防治效果

处理	检查时间/h	检查头数	死亡头数	死亡率/%
对照	2	301	0	0
处理 1	2	268	268	100
处理 2	2	341	341	100
处理 3	2	309	309	100
处理 4	2	293	293	100
对比处理 5	2	285	207	73
对比处理 6	2	315	195	62
单独药剂Ⅰ处理	2	320	170	53
单独药剂Ⅱ处理	2	297	107	36

(1)处理 1~4 药剂可快速渗入木段中,作用 2 h 后团水虱的死亡率达到 100%,对团水虱有明显的消杀作用,快速且有效。

(2)单独药剂Ⅰ处理和单独药剂Ⅱ处理,与处理 1~4 相比,其对团水虱的消杀作用明显下降;对比处理 5 和对比处理 6 改变了硼酸和硼砂的比例关系,其对团水虱的消杀作用也有较明显下降。

4.2.1.4 野外林间防治试验结果

根据室内实验的结果,在野外林地采用了处理 1~4 的药剂组合,在双重药剂处理 2 h 后拆开塑料薄膜检查团水虱的死亡率(表 4-6),并在 60 d 后检查防治后的样株是否有团水虱重新入蛀(表 4-7),由两次检查结果可知:双重药剂法对受害红树林植株进行团水虱防治的效果显著,2 h 内即可快速消杀团水虱,4 个处理团水虱死亡率均可达到 100%;60 d 后,不论活树还是死树,进行喷涂处理的树干均无团水虱复发,可见本方法既可短时间消杀团水虱,又可长时间维持消杀效果,避免重复危害。

表4-6　利用双重药剂防治红树林团水虱试验结果

处理	样株选择	检查时间/h	检查头数	死亡头数	死亡率/%
处理1	死树	2	183	183	100
	活树	2	162	162	100
处理2	死树	2	201	201	100
	活树	2	134	134	100
处理3	死树	2	213	213	100
	活树	2	150	150	100
处理4	死树	2	196	196	100
	活树	2	128	128	100

表4-7　利用双重药剂防治60 d后红树林团水虱试验结果

处理	样株选择	检查时间/d	检查团水虱蛀孔数	有活虫孔数	有虫率/%
处理1	死树	60	220	0	0
	活树	60	183	0	0
处理2	死树	60	250	0	0
	活树	60	174	0	0
处理3	死树	60	242	0	0
	活树	60	185	0	0
处理4	死树	60	237	0	0
	活树	60	153	0	0

另外，通过野外试验还发现，在塑料布包裹下持续作用1～2月，不仅可以更加有效地防止团水虱的再次危害，同时有助于在包裹处萌生新根（白骨壤），使受害株快速恢复生机。待周围再无团水虱适生环境时可取下塑料布回收再利用。

4.2.1.5　讨论

本研究提出采用双重药剂喷涂法防控团水虱，该药剂的木材渗透性强，能很好地渗透到树干并与木材结合，不容易被海水冲刷流失，具有很好的持续控制效果，且对鱼类等水生生物低毒，对环境友好无污染，对团水虱具有触杀、忌避和神经毒作用。

其中药剂 I 以硼基防腐剂为主要作用成分，而硼基防腐剂由硼酸和硼砂组成，硼酸的水溶性较差，且常温下单一水溶液不稳定，会影响其作用效果。但当硼酸和硼砂两者混合，并且在适当添加增溶剂和助溶剂的情况下可以大大提高硼酸的溶解度，使得配制的硼酸使用浓度大大提高。同时硼酸和硼砂混合反应可形成稳定的络合物，对团水虱的毒杀作用强，且得到水溶液体系稳定，不会产生逆转反应，作用效果理想。

使用时，先涂药剂 I，然后在药剂 I 的基础上涂覆药剂 II 并用塑料薄膜包裹系牢。药剂 I 对团水虱具有胃毒和触杀效果，并且对木材尤其是湿木材的渗透性很强，可以有效发挥其对害虫的持续毒杀作用，但是药剂 I 的缺点是容易流失；而药剂 II 为环烷酸铜油剂，可对团水虱起窒息或触杀死亡作用，并且药剂 II 涂覆于药剂 I 上，起到了防止药剂 I 流失的作用；在涂覆药剂 II 后使用塑料布紧密包裹，用塑料布包裹一方面可以防止药剂被海水冲刷而流失，显著增强药剂的可持续控制效果，另一方面可以形成一定的密闭空间，提高团水虱的防除效果。

本方法不仅可在短时间（2 h）内使团水虱窒息或触杀死亡，实现迅速降低虫口密度，快速、有效防控团水虱的目的，而且具有长期持续的控制效果，防止团水虱的进一步侵害及重复危害，因此本方法可以迅速减缓和控制红树林退化进程，保护及恢复红树林资源；同时，本方法简单实用、快速有效、对环境友好无污染，亦可用于受到团水虱危害的其他干性明显的树木、桩木等，被推广应用。另外，遭团水虱危害的白骨壤活株经双重药剂喷涂并被塑料薄膜继续裹缠一段时间后，会萌发新的呼吸根，逐步恢复生机，同时原有根干处被团水虱钻凿的孔洞中亦不会有团水虱重新栖息。

4.2.2 红树林有害生物团水虱烟熏防治技术研究

红树林具有防风消浪、促淤护岸等功能，是不可替代的沿海绿色屏障；在维持大气碳氧平衡、净化大气和水体环境、绿化、美化、科普教育等方面也具有独特的生态、社会和经济效益（廖宝文等，2010），联合国相关研究显示，红树林每年每公顷可产生 3000～9000 美元的高额经济价值（Mark et al.，2010）。但近年来不合理的开发利用与水体污染等，导致海洋污损生物团水虱大量暴发，尤其在海南东寨港国家级自然保护区内，红树林生长受到了严重干扰。

目前的研究表明团水虱是把根系及树干当作栖息的场所，并不直接摄食所蛀的根系物质（Thiel，1999），而是用其前足滤食水体中的颗粒物质，钻凿红树林呼吸根及树干基部，形成密集孔洞，造成整片林木枯萎。

研究表明扩散阻碍、捕食压力、竞争压力和生理耐受性都可以影响团水虱的分布（Brooks，2004）。另外，海水盐度、水温、溶解氧、悬浮固体、氮磷等富营养化指标及水流等这些非生物环境也会影响团水虱的分布和暴发（邱勇等，2013）。现有的防治方法主要包括源头控制、物理防治、化学防治和生物防治等，但各种方法均存在一定的弊端，既可以快速有效又能够无污染、对环境友好的防治方法目前还未见报道。

针对现有技术的不足（如人力成本高、费时费力、防治效果差等），本研究提出一种利用烟熏方法快速防治团水虱的技术，通过两种烟剂反应放热产生大量烟雾，该烟雾对鱼类等水生生物低毒，对团水虱具有神经毒及窒息作用，可快速致死团水虱，实现快速有效地防治红树林团水虱，且对环境友好、无污染（管伟等，2019b）。

4.2.2.1　实验材料

1. 烟剂

包括烟剂Ⅰ和烟剂Ⅱ，烟剂Ⅰ以高锰酸钾为主要成分，还包括复合杀虫剂，按质量百分比为高锰酸钾 93%～98%、复合杀虫剂 2%～7%；烟剂Ⅱ为 20%～40% 甲醛水溶液。其中复合杀虫剂组成及各组分间的质量百分含量为：呋虫胺 15%～18%、毒死蜱 4%～5%、木质素分散剂 5%～8%、湿润剂（十二烷基硫酸钠）1%～3%、高岭土 40%～50% 和碳酸钙 20%～30%。烟剂Ⅰ和烟剂Ⅱ的施药比例及每株树或每立方米的用药量为烟剂Ⅰ：烟剂Ⅱ =1：(1.5～3)=(40～50)g：(75～120)mL。

2. 烟熏装置

为了让烟剂充分发挥作用，需准备烟熏装置，具体包括密封部分和烟雾发生部分。

室内防治：密封部分由 20 L 容量的塑料桶及覆盖于桶口的塑料薄膜组成；烟雾发生部分主要包括 500 mL 三角瓶，长于桶深的软管及可用软管套住的漏斗。三角瓶用来盛放烟剂Ⅰ，置于塑料桶底部，软管一端从塑料薄膜开孔处插于三角瓶内，另一端套住漏斗置于密封部分外部，用来将烟剂Ⅱ导入三角瓶中，同烟剂Ⅰ发生反应。

野外防治：密封部分主要包括伞形支架（3～5 支竹竿或 PVC 管）和塑料薄膜（图 4-2）。在距支架的每支竹竿（或 PVC 管）上端 2～3 cm 钻一个可穿绳的孔洞，用长于树干周长的绳子串在一起以备绑于树干之上，竹竿（或 PVC 管）下端撑开成伞状支于内翻的塑料薄膜上；可根据受害单株的大小预先将塑料薄膜裁成正方块或长方块，本试验塑料薄膜为 2 m×2 m，将其缠绕覆于支架之上，并固定在树干上。烟雾发生部分主要包括 500 mL 三角瓶、1 m 长软管及可用软管套住的漏斗。三角瓶用来盛放烟剂Ⅰ，置于密封部分底部，软管一端插入三角瓶内，另一端套住漏斗置于密封部分外部，用来将烟剂Ⅱ导入三角瓶中，同烟剂Ⅰ发生反应。

4.2.2.2　室内防治实验效果

室内防治实验结果如表 4-8 所示。由表 4-8 可知如下结果。

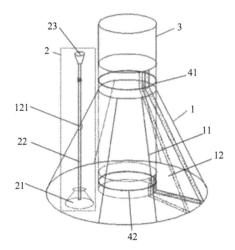

图 4-2 烟熏装置示意图

1. 密封部分；2. 烟雾发生部分；3. 受害单株树干；11. 支架；12. 塑料膜；121. 小孔；
21. 三角瓶；22. 软管；23. 漏斗；41. 绳子 A；42. 绳子 B

表 4-8 各处理对团水虱的防治效果

处理		检查头数		死亡头数		死亡率/%	
		1 h	2 h	1 h	2 h	1 h	2 h
空白对照组		258	329	0	0	0	0
处理组	处理 1	310	286	167	286	54	100
	处理 2	322	341	167	341	52	100
	处理 3	291	302	192	302	66	100
	处理 4	319	295	175	295	55	100
对比处理组	对比处理 1	/	263	/	108	/	41
	对比处理 2	/	315	/	258	/	82
	对比处理 3	/	350	/	304	/	87
	对比处理 4	/	276	/	218	/	79
	对比处理 5	/	324	/	104	/	32

注：为排除假死个体，在检查实验结果时判断为死亡的个体须放入盛有海水的培养皿中 1 h，若有恢复活动则算为活体，不能恢复活动为死亡个体

（1）本实验 4 组处理利用烟雾进入团水虱钻蛀的孔洞中，作用 2 h 后团水虱的死亡率均达到 100%，而空白对照在相同作用时间内，团水虱死亡率为 0，说明采用各处理的烟熏方法对团水虱有明显的毒杀作用，快速且有效；但本实验中烟剂作用 1 h 后各处理组团水虱死亡率均有明显下降，说明采用烟熏方法防治团水虱，需要一定的反应时间。

（2）4 组处理的烟剂作用 1 h 后，团水虱死亡率均达到 52% 以上，其中以处理 3

作用下的团水虱死亡率最高，为 66%，是本实验的最佳处理，因此根据处理 3 的烟剂配比继续进行复合杀虫剂的配比实验。

（3）进一步实验中，对比处理 1 的烟剂中不含复合杀虫剂，团水虱死亡率下降至 41%；对比处理 5 为常规工艺复合杀虫发烟剂，呋虫胺、毒死蜱两种作用成分在发烟剂中的含量及比例不变，发烟剂的用量与处理 3 复合杀虫剂的用量相同，其团水虱死亡率仅为 32%，说明本实验烟剂的各组分间存在协同作用；对比处理 2 提高了烟剂 I 中复合杀虫剂的含量，但是杀虫效果有所降低；对比处理 3 和对比处理 4 改变了复合杀虫剂中呋虫胺和毒死蜱的比例，其杀虫效果也有所降低。

4.2.2.3 野外林间防治试验结果

根据室内实验的结果，采用处理 1~4 的方法，继续开展野外林间防治试验，结果如表 4-9 所示。由表 4-9 可知，烟熏方法对受害红树林植株进行团水虱防治效果显著，2 h 后各处理团水虱死亡率均为 100%，即可有效控制团水虱虫口密度使其降为危害水平以下。

表 4-9　利用烟熏法野外防治团水虱效果

项目	样株选择	检查时间/h	检查头数	死亡头数	死亡率/%
处理 1	死树	2	352	352	100
	活树	2	152	152	100
处理 2	死树	2	373	373	100
	活树	2	210	210	100
处理 3	死树	2	450	450	100
	活树	2	176	176	100
处理 4	死树	2	409	409	100
	活树	2	181	181	100

4.2.2.4 讨论

针对目前红树林区尤其是海南东寨港大面积红树林遭受团水虱危害，以及尚无快速有效、无污染、对环境友好的团水虱防治方法，本试验采用烟熏法成功防治团水虱。主要原理在于当烟剂 I 和烟剂 II 混合时，反应放热产生大量烟雾，该烟雾对鱼类等水生生物低毒，对团水虱具有神经毒作用，进入团水虱钻蛀的孔洞中，干扰团水虱神经系统的刺激传导，引起团水虱神经系统通路堵塞，导致团水虱麻痹，最终死亡（2 h 以内），同时烟雾也使得团水虱呼吸困难，短时间内（2 h）窒息死亡，从而达到降低虫口密度的目的。为了使烟雾能够完全作用于团水虱，发挥窒息和神经毒杀团水虱的作用，本技术有以下几点需特别注意。

（1）将烟熏装置设计成伞形支架密封结构，一方面，伞形结构稳定，能抵御各种天气变化及外界环境对烟雾的影响，且容易安装和拆卸，省时省料；另一方面，伞形结构提供了一定的空间，一是方便三角瓶的放置以产生烟雾，二是不会封住团水虱蛀孔，使烟雾能进入蛀孔内发挥作用；烟熏装置结构简单实用，方便拆装，可重复使用。

（2）利用烟熏法可尽快降低林间团水虱的虫口密度，是一种对已经大面积暴发团水虱危害的红树林群落的急救方法，效果显著。本技术对于受团水虱危害的红树林死树、木桩、木片的集中清除处理也非常有效。

（3）通过调查发现，被团水虱严重危害的红树林林地，大量树死亡后，团水虱的虫口密度更大，同时死树掉落的枝干也是团水虱继续定居扩散的媒介，所以如果没有及时清除处理这些死树，团水虱在林地的扩散蔓延速度会更加快速。如定时把这些有虫的死树和枝干从林地清除，集中采用本技术杀死团水虱，就可以大大减少红树林林间团水虱的虫口密度和扩散速度，保护及恢复红树林资源。

4.2.3　一种防治团水虱和船蛆等钻孔海洋生物的药物及使用方法

海南大学黄勃教授发明了一种防治团水虱和船蛆钻孔海洋生物的药物及使用方法。配方组成：硫酸铜 30～50 份，氧化钙 20～30 份、氢氧化钠 20～30 份，硅粉 10～25 份、膨胀剂 5～15 份、萘酸铜 30～35 份、水 20～30 份和拟虫菊酯 0.001～0.01 份。将上述药物充分搅拌至均匀，制成防治团水虱和船蛆钻孔海洋生物的药物。使用方法：在低潮时，将制成的药物涂于红树林和栈桥上受团水虱和船蛆虫危害的部位，至试剂完全浸入后，涂上桐油，使其形成 0.2～0.3 cm 厚的桐油保护层。本发明配方简单，使用安全、有效，能有效防治团水虱和船蛆钻孔海洋生物虫害。

4.3　生　物　防　治

利用 4 种螃蟹进行取食实验，分别是：双齿近相手蟹、长足长方蟹、日本拟厚蟹、弧边招潮蟹。

4.3.1　双齿近相手蟹的取食实验

从野外采集到了较多的双齿近相手蟹，分别用母蟹和公蟹做了实验。实验结果如图 4-3 和表 4-10 所示，公蟹和母蟹均能取食团水虱，且取食物效率较高，母蟹 1 h 内的平均取食率为 53.3%，公蟹 1 h 内的平均取食率为 60.0%。

图 4-3　双齿近相手蟹取食团水虱

表 4-10　双齿近相手蟹取食团水虱实验

母蟹编号	1 h 内取食率/%	2 h 内取食率/%	公蟹编号	1 h 内取食率/%	2 h 内取食率/%
1	100	100	1	80	80
2	80	100	2	40	40
3	80	80	3	80	100
4	0	0	4	80	80
5	60	100	5	0	0
6	0	0	6	80	80

4.3.2　长足长方蟹对团水虱的取食实验

实验表明，5 只长足长方蟹（图 4-4）中 4 只均能取食团水虱，1 h 内平均取食率为 20%，2 小时内的平均取食率为 32%（表 4-11）。

图 4-4　长足长方蟹取食团水虱实验

表 4-11　长足长方蟹取食团水虱实验

编号	1 h 内取食率/%	2 h 内取食率/%
1	20	40
2	40	40
3	20	20
4	20	60
5	0	0

4.3.3　日本拟厚蟹对团水虱的取食实验

实验表明，日本拟厚蟹（图 4-5）能够取食团水虱，但是取食效率较低，5 只日本拟厚蟹 1 h 内的平均取食率为 8%，2 h 内的平均取食率为 12%（表 4-12）。

图 4-5　日本拟厚蟹取食团水虱实验

表 4-12　日本拟厚蟹取食团水虱实验

编号	1 h 内取食率/%	2 h 内取食率/%
1	20	40
2	0	0
3	20	20
4	0	0
5	0	0

4.3.4　弧边招潮蟹对团水虱的取食实验

实验中的 5 只弧边招潮蟹在 2 h 内均未能取食团水虱，这可能跟雄性弧边招潮蟹的螯肢的形态特征不适合捕抓和取食团水虱这种规格大小的物体有关（图 4-6）。

图 4-6　弧边招潮蟹取食团水虱实验

4.4　综 合 防 治

4.4.1　加强红树林生态系统污染的综合治理

第一，需要从源头上控制污染的产生，包括清理红树林内的养鸭场，关闭或有效控制上游及周边养猪场、养殖塘和餐厅等，该措施是有效解决和预防团水虱暴发的重要手段，可以从根源上解决红树林区域的水体污染。

第二，对于已经感染团水虱危害的红树林，需开展应急消杀有害团水虱的措施。东寨港国家级自然保护区在源头控制污染措施实施后，同时开展了一些物理防治措施，主要包括清除腐木、用石灰泥涂抹，树干基部用泥包裹等。这些措施在一定程度上抑制了团水虱危害的加深。建议采用上述的烟熏法、双重药剂喷涂法、盐饱和法等对团水虱进行有效消杀。

第三，还可积极利用团水虱天敌生物开展生物防治，这是另一种可行的治本措施，且无污染，团水虱的捕食者主要包括蟹类、中华乌塘鳢、中国鲎及团水虱寄生生物等。

4.4.2　建立红树林团水虱跟踪监测机制

团水虱的子代具有存活率高、易扩散的特点，在虫害发生初期如果没有及时采取有效的防治手段，当虫害暴发后，其危害将难于控制。因此，应建立基于团水虱的生物生态学特征、危害发生及暴发规律的跟踪监测与预警机制，及时掌握团水虱发生、发展动态，并制定相应的应对措施，最大限度减少红树林的损失。

第5章　团水虱危害受损退化区域红树林恢复技术

造成东寨港本项目区红树林急速退化的原因有二：一是团水虱蛀孔危害红树植物（图5-1）；二是超强台风（18级）"威马逊"正面袭击导致红树植物大面积（包括团水虱危害中的红树林）损毁枯死。这些红树林受损退化区域亟待人工恢复。

5.1　退化区域调查

5.1.1　团水虱危害调查

团水虱的分布与潮沟位置有密切关系。离潮沟近的区域，团水虱危害严重（图5-1A）。团水虱暴发的严重程度与淹水时间有关，滩涂高程低，淹水时间长的红树林受害程度严重（图5-1B）。咸水鸭养殖点和养殖塘斑块数越多，受团水虱危害影响的红树林面积也随之增加。

A   B

图5-1　团水虱危害调查

5.1.2　台风受损红树林调查

在2014年的超强台风"威马逊"（18级）中，红树植物受损严重程度依次为：

海莲群落、海莲-木榄群落、秋茄群落、白骨壤群落、红海榄群落。受损红树植物群落与其高度和生长分布区域有关。植物体越高，台风袭击中受损越严重，如海莲群落、海莲-木榄群落、无瓣海桑群落等；生长在红树林带外缘的红树植物受损比林内的红树植物严重，如白骨壤群落；受团水虱危害，有退化现象的群落受损比无团水虱危害的群落严重。受团水虱危害后，群落的林分郁闭度有所降低，抵御自然灾害的能力下降（图 5-2）。

图 5-2　台风受损红树林调查

此次调查，明确了东寨港国家级自然保护区内红树林退化的直接因素，了解了受团水虱危害的红树林树种及其所在区域、潮位等情况；了解了强台风对红树林损毁的基本情况，为科学建立红树林急速退化防控示范区提供了基础信息。

5.2　枯 树 清 理

项目区枯树清理作业面积 13.5 hm^2，约 15 086 株。主要树种为海莲、木榄、尖瓣海莲、秋茄等。

枯树是团水虱最主要的寄主，退化林区内的枯立木基部和倒伏木中有大量团水虱存在。通过清理，将大量团水虱直接带离红树林分布区，能够减少区域内团水虱的种群数量。同时，将大部分害虫清理出退化红树林分布区，置于陆地上，无潮汐浸淹，无食物来源，随着枯树水分降低，最终达到消杀团水虱的目的。因此，枯树清理最大限度地减少了防控区内团水虱的种群数量，其繁殖速度明显降低。

5.3　挖 沟 清 淤

红树林连片大面积枯死后，根系腐烂会导致滩涂高程降低，局部区域低洼积水，有利于团水虱的繁殖。结合受害迹地恢复造林的挖沟起垄措施，对林地中积水的潮沟实施清淤，加大加深潮沟，可促进林地内的水体交换，减少积水区，有利于防治团水虱。

5.4 退化区域造林树种筛选

在受害迹地恢复造林中，我们对造林树种桐花树、海桑、无瓣海桑、红海榄、正红树、水椰、老鼠簕、角果木、海莲、拉关木等 10 个树种进行了种植对比试验，结果为海桑、无瓣海桑、拉关木、红海榄、正红树、水椰等小苗种植成活率较高，而桐花树、角果木、海莲等大苗成活率高。

退化林修复首选乡土树红海榄、正红树、水椰、桐花树等 4 种植物。海莲和角果木大苗在造林中成活率较高，但两个树种在本地易受团水虱钻孔破坏，不建议选用。

5.5 红树林造林

2015～2017 年，东寨港国家级自然保护区对项目区内的林中空地开展了造林修复试验，造林总面积达 20.4 hm^2。

在林地滩涂 0～40 cm 的沉积物中，植物根系所占比例大于淤泥。林地上连片面积的红树植物枯死后根系腐烂，滩涂下降，导致林内滩涂低洼积水，影响活立木的根系呼吸。同时，积水区附近的活立木基部易受团水虱钻孔危害。如不对林中空地实施造林修复，林地退化面积将继续扩大。

对低洼滩涂地造林时，采用就地挖沟起垄的办法实施造林（图 5-3）。

造林树种主要有桐花树、海桑、无瓣海桑、红海榄、正红树、水椰、老鼠簕、角果木、海莲、拉关木等 10 种真红树植物（图 5-4）。

图 5-3 低洼林地起垄图

图 5-4　造林修复试验成效图

选用胚轴、小苗（苗高 35～50 cm）和大苗（苗高 80～150 cm）开展种植试验。退化林地沉积物中硫化物含量高，小苗种植定根难，种植成活率低。封滩育林后，林内滩涂蟹类多，种植小苗和胚轴受其干扰、破坏，成活率低。

5.6　护岸修复

项目地退化的主要原因之一是团水虱危害。团水虱为甲壳类动物，在本地主要生活于低洼积水的红树林分布区内。为减少滩涂沉积物流失导致林内积水，2015～2016 年保护区对演丰东河下游退化林区域用牡蛎壳实施护岸 2.3 km（图 5-5）。

图 5-5　牡蛎壳护岸图

5.7　封 滩 育 林

红树林分布区有大量海洋动物，蟹类、乌塘鳢、杂食豆齿鳗等动物均为团水虱的天敌。通过对项目区实施封滩育林，减少人为活动对林地的干扰，促进团水虱天敌增加，有利于控制团水虱的种群数量。

参 考 文 献

蔡如星, 黄宗国, 江锦祥. 1962. 福建沿海钻孔动物的调查研究[J]. 厦门大学学报(自然科学版), (03): 189-205.

曹庆先, 范航清, 刘文爱. 2010. 基于 ArcView GIS 的广西红树林虫害信息管理系统的构建[J]. 广西科学院学报, 26(01): 27-31.

陈颖, 杨明柳, 高霆炜, 等. 2019. 广西团水虱的种类组成及其对红树林的生态效应初探[J]. 广西科学, 26(03): 315-323.

邓国芳. 2002. 遥感技术在红树林资源调查中的应用[J]. 中南林业调查规划, (01): 27-28.

丁冬静, 廖宝文, 管伟, 等. 2016. 东寨港红树林自然保护区滨海湿地生态系统服务价值评估[J]. 生态科学, 35(6): 182-190.

董双林, 李德尚, 潘克厚. 1998. 论海水养殖的养殖容量[J]. 青岛海洋大学学报, (02): 3-5.

杜爽, 张文飞, 史海涛. 2013. 基于 16S rRNA 序列分析红耳龟肠道拟杆菌和厚壁杆菌菌群多样性[J]. 基因组学与应用生物学, 32(06): 700-706.

范航清. 2000. 红树林: 海岸环保卫士[M]. 广西: 广西科学技术出版社.

范航清, 梁士楚. 1995. 中国红树林研究与管理[M]. 北京: 科学出版社.

范航清, 刘文爱, 钟才荣, 等. 2014. 中国红树林蛀木团水虱危害分析研究[J]. 广西科学, 21(02): 140-146, 152.

方宝新, 但新球. 2001. 东寨港红树林保护区生物资源可持续发展与保护[J]. 中南林业调查规划, (04): 26-29.

付小勇, 秦长生, 赵丹阳. 2012. 中国红树林湿地昆虫群落及害虫研究进展[J]. 广东林业科技, 28(04): 56-61.

高春. 2016. 团水虱灾害在海南东寨港红树林的分布规律[D]. 海口: 海南师范大学硕士学位论文.

高权新, 吴天星, 王进波. 2010. 肠道微生物与寄主的共生关系研究进展[J]. 动物营养学报, 2(03): 519-526.

管伟, 何雪香, 廖宝文, 等. 2016. 一种快速防治团水虱的烟剂、烟熏装置和方法[P]: 中国, CN105961432B.

管伟, 何雪香, 廖宝文, 等. 2019a. 红树林有害生物团水虱(*Sphaeroma* sp.)双重药剂防治技术研究[J]. 林业科技通讯, (07): 41-44.

管伟, 何雪香, 廖宝文, 等. 2019b. 红树林有害生物团水虱(*Sphaeroma* sp.)烟熏防治技术研究[J]. 林业科技通讯, (06): 44-47.

国家自然科学基金委员会. 1995. 海洋科学, 自然科学发展战略调研报告[M]. 北京: 科学出版社.

韩家波, 木云雷, 王丽梅. 1999. 海水养殖与近海水域污染研究进展[J]. 水产科学, (04): 3-5.

韩淑梅. 2012. 海南东寨港红树林景观格局动态及其驱动力研究[D]. 北京: 北京林业大学博士学位论文.

郝英, 潘晶, 张奎颖. 2020. 浅析生物防治技术在森林病虫害防治中的应用[J]. 种子科技, 38(07): 63-64.

何斌源, 赖廷和. 2000. 红树植物桐花树上污损动物群落研究[J]. 广西科学, (04): 309-312.

何雪香, 管伟, 廖宝文, 等. 2017. 防控团水虱的双重药剂及应用该药剂防控团水虱的方法[P]: 中国, CN106417367B.

何缘. 2009. 红树林生态恢复研究——以厦门为例[D]. 厦门: 厦门大学硕士学位论文.

胡倩芳. 2009. 不同高程下白骨壤+秋茄人工红树林生长、生理及其更新能力的比较研究[D]. 厦门: 厦门大学硕士学位论文.

胡亚强, 丁敬敬, 黄勃, 等. 2016. 团水虱不同生长阶段肠道微生物多样性分析[J]. 基因组学与应用生物学, 35(02): 406-413.

黄勃, 胡亚强, 丁敬敬, 等. 2015. 防治团水虱和船蛆钻孔海洋生物的药物及其使用方法[P]: 中国, 104397033A.

黄威民, 周时强, 李复雪. 1996. 福建红树林上钻孔动物的生态[J]. 台湾海峡, (03): 305-309.

黄育春. 2017. 浅谈东寨港红树林湿地保护现状及管理对策[J]. 热带林业, 45(02): 49-52.

贾凤龙, 陈海东, 王勇军, 等. 2001. 深圳福田红树林害虫及其发生原因[J]. 中山大学学报(自然科学版), 40(3): 88-91.

赖廷和, 何斌源. 2007. 木榄幼苗对淹水胁迫的生长和生理反应[J]. 生态学杂志, (05): 650-656.

兰竹虹, 陈桂珠. 2007. 南中国海地区红树林的利用和保护[J]. 海洋环境科学, (04): 355-359.

李存玉, 徐永江, 柳学周, 等. 2015. 池塘和工厂化养殖牙鲆肠道菌群结构的比较分析[J]. 水产学报, 39(02): 245-255.

李可俊, 管卫兵, 徐晋麟, 等. 2007. PCR-DGGE 对长江河口八种野生鱼类肠道菌群多样性的比较研究[J]. 中国微生态学杂志, 19(3): 268-272.

李宽意, 谷孝鸿. 1998. 中华乌塘鳢半咸水中的养殖技术[J]. 水产养殖, (02): 3-5.

李丽凤. 2014. 红树林栈道生态设计初探[J]. 福建林业科技, 41(02): 200-205,227.

李丽凤, 刘文爱. 2018. 广西廉州湾红树林湿地景观格局动态及其成因[J]. 森林与环境学报, 38(02): 171-177.

李秀锋. 2017. 中国红树林团水虱生物学和行为学特性研究[D]. 广州: 中山大学硕士学位论文.

李英卓. 2018. 受团水虱危害的清澜港红树林保护区生态环境调查分析[D]. 海口: 海南大学硕士学位论文.

李云, 郑德璋, 廖宝文, 等. 1997. 红树林主要有害生物调查初报[J]. 森林病虫通讯, (04): 12-14.

李志刚, 戴建青, 叶静文, 等. 2012. 中国红树林生态系统主要害虫种类、防控现状及成灾原因[J]. 昆虫学报, 55(9): 1109-1118.

梁士楚, 罗春业. 1999. 红树林区经济动物及生态养殖模式[J]. 广西科学院学报, (02): 3-5.

梁晓莉. 2017. 长江河口大型底栖动物疑难种修订及河口种形成机理初探[D]. 上海: 华东师范大学硕士学位论文.

廖宝文. 2009. 海南东寨港红树林湿地生态系统研究[M]. 青岛: 中国海洋大学出版社.

廖宝文, 李玫, 陈玉军, 等. 2007. 海南东寨港红树林生态系统研究[M]. 青岛: 中国海洋大学出版社: 2-31.

廖宝文, 李玫, 陈玉军, 等. 2010. 中国红树林恢复与重建技术[M]. 北京: 科学出版社.

廖宝文, 张乔民. 2014. 中国红树林湿地的分布面积与树种组成[J]. 湿地科学, 12(4): 435-439.

林华文, 林卫海. 2013. 团水虱对东寨港红树林的危害及防治对策[J]. 热带林业, 41(04):

35-36,13.

林鹏. 1997. 中国红树林生态系统[M]. 北京: 科学出版社.

林鹏, 傅勤. 1995. 中国红树林环境生态及经济利用[M]. 北京: 高等教育出版社.

林秀雁, 卢昌义. 2008. 不同高程对藤壶附着红树幼林的影响[J]. 厦门大学学报(自然科学版), (02): 253-259.

刘驰, 李家宝, 芮俊鹏, 等. 2015. 16S rRNA 基因在微生物生态学中的应用[J]. 生态学报, 35(09): 2769-2788.

刘瑞玉. 2008. 中国海洋生物名录[M]. 北京: 科学出版社.

刘文爱, 范航清, 李丽凤. 2019. 一种红树林团水虱虫害的防治方法[P]: 中国, CN105379591B.

刘文爱, 范航清, 吴斌, 等. 2018. 一种利用二氧化氯防治红树林团水虱虫害的方法[P]: 中国, CN107996223A.

刘文爱, 薛云红, 王广军, 等. 2020. 红树林顶级杀手——有孔团水虱的研究进展[J]. 林业科学研究, 33(03): 164-171.

刘文亮, 何文珊. 2007. 长江河口大型底栖无脊椎动物[M]. 上海: 上海科学技术出版社.

吕晓波, 钟才荣, 杨小波, 等. 2014. 一种运用隔离原理治理红树林团水虱危害的物理防治方法[P]: 中国, CN104067889B.

邱勇. 2013. 光背团水虱消化酶及其种群生态学研究[D]. 海口: 海南大学硕士学位论文.

邱勇, 李俊, 黄勃, 等. 2013. 影响东寨港红树林中光背团水虱分布的生态因子研究[J]. 海洋科学, 37(04): 21-25.

石娟, 王月, 徐洪儒, 等. 2003. 不同食料植物对舞毒蛾生长发育的影响[J]. 北京林业大学学报, 25(05): 47-50.

苏杨. 2006. 我国集约化畜禽养殖场污染问题研究[J]. 中国生态农业学报, 14(2): 15-18.

孙艳伟, 廖宝文, 管伟, 等. 2015. 海南东寨港红树林急速退化的空间分布特征及影响因素分析[J]. 华南农业大学学报, 36(6): 111-118.

王宝灿. 1985. 中国红树林的分布及其对海岸的防护作用[C]//中国海洋湖沼学会海岸河口学会. 海岸河口区动力地貌沉积过程论文集. 北京: 科学出版社: 186-191.

王伯荪. 1987. 植物群落学[M]. 北京: 高等教育出版社.

王伯荪. 1990. 广东森林[M]. 广州: 广东科技出版社.

王伯荪, 彭少麟. 1997. 植物生态学-群落与生态系统[M]. 北京: 中国环境科学出版社.

王荣丽, 管伟, 邱明红, 等. 2017. 东寨港红树林退化动态初步分析[J]. 中南林业科技大学学报, 37(2): 63-68.

王荣丽, 廖宝文, 管伟, 等. 2015. 东寨港红树林群落退化特征与土壤理化性质的相关关系[J]. 生态学杂志, 34(7): 1804-1808.

王升跃. 2010. 新一代高通量测序技术及其临床应用前景[J]. 广东医学, 31(03): 269-272.

王文介, 黄金森, 毛树珍, 等. 1991. 华南沿海和近海沉积[M]. 北京: 科学出版社: 142-150.

王文卿, 王瑁. 2007. 中国红树林[M]. 北京: 科学出版社.

王祥红, 李会荣, 张晓华, 等. 2000. 中国对虾成虾肠道微生物区系[J]. 青岛海洋大学学报, 30(3): 493-498.

王胤, 左平, 黄仲琪, 等. 2006. 海南东寨港红树林湿地面积变化及其驱动力分析[J]. 四川环境, 25(3): 44-49.

吴瑞, 王道儒. 2013. 东寨港国家级自然保护区现状与管理对策研究[J]. 海洋开发与理, 30(8): 73-76.

伍淑婕, 梁士楚. 2008. 人类活动对红树林生态系统服务功能的影响[J]. 海洋环境科学, 27(5): 537-542.

相辉, 周志华. 2009. 白蚁及共生微生物木质纤维素水解酶的种类[J]. 昆虫知识, 46(1): 32-40.

向洪勇, 杨海军, 李昆, 等. 2015. 深圳福田红树林弧边招潮蟹觅食行为的研究[J]. 生态科学, 34(1): 17-24.

肖春霖. 2018. 东寨港红树林团水虱暴发原因分析[D]. 海口: 海南大学硕士学位论文.

肖燕. 2007. 红树植物木榄和白骨壤幼苗的解剖学特征对淹水胁迫的响应[D]. 厦门: 厦门大学硕士学位论文.

辛琨, 黄星. 2009. 海南东寨港红树林景观变化与原因分析[J]. 湿地科学与管理, 5(2): 56-57.

徐蒂, 廖宝文, 朱宁华, 等. 2014. 海南东寨港红树林退化原因初探[J]. 生态科学, 33(2): 294-300.

徐姗楠, 陈作志, 黄小平, 等. 2010. 底栖动物对红树林生态系统的影响及生态学意义[J]. 生态学杂志, 29(4): 812-820.

薛春汀. 2002. 人类活动对密克罗尼西亚联邦库赛埃岛红树林海岸的影响[J]. 海洋湖沼通报, (2): 17-23.

杨明柳, 高霆炜, 邢永泽, 等. 2017. 廉州湾红树林大型底栖动物食物来源研究[J]. 广西科学, 24(5): 490-497.

杨明柳, 高霆伟, 邢永泽, 等. 2018. 基于稳定同位素技术的光背团水虱食性分析[J]. 海洋学报, 40(8): 120-128.

杨明柳, 徐敬明, 吴斌, 等. 2014. 北部湾红树林蟹类多样性初步研究[J]. 四川动物, 33(03): 347-352+357.

杨世勇, 王蒙蒙, 谢建春. 2013. 茉莉酸对棉花单宁含量和抗虫相关酶活性的诱导效应[J]. 生态学报, 33(5): 1615-1625.

杨玉楠, Myat T, 刘晶, 等. 2018. 危害我国红树林的团水虱的生物学特征[J]. 应用海洋学学报, 37(2): 211-217.

杨玉楠, 刘晶, Myat T. 2020. 海南东寨港红树林湿地污染监测与评价研究[J]. 海洋环境科学, 39(3): 399-406.

于海燕. 2002. 中国扇肢亚目(甲壳动物: 等足目)的系统分类学研究[D]. 青岛: 中国科学院研究生院(海洋研究所)博士学位论文.

于海燕, 李新正. 2003. 中国近海团水虱科种类记述[J]. 海洋科学集刊, (45): 243-263.

约翰 R.克拉克. 2000. 海岸带管理手册. 吴克勤, 杨德全, 盖明举译[M]. 北京: 海洋出版社.

张宏达, 陈桂珠, 刘志平, 等. 1998. 深圳福田红树林湿地生态系统研究[M]. 广州: 广东科技出版社.

张宏达, 王伯荪, 胡玉佳, 等. 1985. 香港地区的红树林[J]. 生态科学, (2): 1-18.

张宏达文集编辑组. 1995. 张宏达文集[C]. 广州: 中山大学出版社.

张乔民, 施祺, 余克服. 2010. 珠江口红树林基围养殖生态开发模式评述[J]. 热带海洋学报, 29(1): 8-14.

张乔民, 隋淑珍, 张叶春, 等. 2001. 红树林宜林海洋环境指标研究[J]. 生态学报, 21(9): 1427-1437.

张乔民, 隋淑珍. 2001. 中国红树林湿地资源及其保护[J]. 自然资源学报, 16(1): 28-36.

张乔民, 于红兵, 陈欣树, 等. 1997. 红树林生长带与潮汐水位关系的研究[J]. 生态学报, 17(3): 258-265.

张业祺, 宋书巧. 2018. 北仑河口自然保护区红树林虫害防治综述[J]. 福建林业科技, 45(2): 128-132.

张忠华, 胡刚, 梁士楚. 2006. 我国红树林的分布现状、保护及生态价值[J]. 生物学通报, 41(4): 9-11.

赵凯, 常志威, 张小燕, 等. 2012. 白蚁肠道共生微生物多样性及其防治方法研究现状[J]. 应用与环境生物学报, 02: 331-337.

赵晓涛, 杨威, 周丹, 等. 2008. 影响我国河口地区可持续发展的五大问题[J]. 海洋开发与管理, 25(3): 91-93.

郑德璋, 廖宝文, 郑松发, 等. 1999. 红树林主要树种造林与经营技术研究[M]. 北京: 科学出版社.

郑德璋, 郑松发, 廖宝文, 等. 1995. 红树林湿地的利用及其保护和造林[J]. 林业科学研究, (03): 321-328.

中国海洋湖沼学会海岸河口学会编辑. 1985. 海岸河口区动力、地貌、沉积过程论文集[M]. 科学出版社: 186-191.

中国科学院海洋研究所动物实验生态组. 1979. 海洋钻孔生物和附着生物的危害及防除[J]. 海洋科学, (S1): 52-55.

周放, 等. 2009. 中国红树林区鸟类[M]. 北京: 科学出版社.

周时强, 李复雪. 1986. 福建九龙江口红树林上大型底栖动物的群落生态[J]. 台湾海峡, (1): 78-85.

邹发生, 宋晓军, 陈伟, 等. 1999. 海南东寨港红树林滩涂大型底栖动物多样性的初步研究[J]. 生物多样性, 7(003): 175-180.

Abdallah Ismail N, Ragab S H, Abd Elbaky A, et al. 2011. Frequency of firmicutes and bacteroidetes in gut microbiota in obese and normal weight egyptian children and adults[J]. Archives of Medical Science Ams, 7(3): 501-507.

Alongi D M. 2002. Present state and future of the world's mangrove forests[J]. Environmental Conservation, 29(3): 331-349.

Astudillo J C, Wong J C Y, Dumont C P, et al. 2014. Status of six non-native marine species in the coastal environment of Hong Kong, 30 years after their first record[J]. Bioinvasions Records, 3(3): 123-137.

Aung S, Bellwood A. 2002. Evidence for filter-feeding by the wood-boring isopod, *Sphaeroma terebrans* (Crustacea: Peracarida)[J]. Journal of Zoology, (4): 147-152.

Bakus G. 1981. Chemical defense mechanisms on the Great Barrier Reef, Australia[J]. Science, 211(4481): 497-499.

Bakus G J, Green G. 1974. Toxicity in sponges and holothurians: a geographic pattern[J]. Science, 185(4155): 951-953.

Baratti M, Filippelli M, Messana G. 2011. Complex genetic patterns in the mangrove wood[J]. Journal of Experimental Marine Biology & Ecology, 398(1-2): 73-82.

Baratti M, Goti E, Messana G. 2005. High level of genetic differentiation in the marine isopod *Sphaeroma terebrans* (Crustacea Isopoda Sphaeromatidae) as inferred by mitochondrial DNA analysis[J]. Journal of Experimental Marine Biology & Ecology, 315(2): 225-234.

Benson L K, Rice S A, Johnson B R, et al. 1999. Evidence of cellulose digestion in the wood boring isopod *Sphaeroma terebrans*[J]. Florida Scientist, 62: 128-144.

Bergmann G T, Bates S T, Eilers K G, et al. 2011. The under-recognized dominance of Verrucomicrobia in soil bacterial communities[J]. Soil Biology & Biochemistry, 43(7):

1450-1455.

Bingham B L. 1992. Life histories in an epifaunal community: coupling of adult and larval processes[J]. Ecology, 73(6): 2244-2259.

Bochove J W V, Sullivan E, Nakamura T, et al. 2014. The importance of mangroves to people: a call to action[J]. Clinical Pharmacology & Therapeutics, (62): 57-78.

Borowsky B. 1996. Laboratory observations on the life history of the isopod *Sphaeroma quadridentatum* Say, 1818[J]. Crustaceana, 69(1): 94-100.

Broderick N A, Raffa K F, Goodman R M, et al. 2004. Census of the bacterial community of the Gypsy Moth Larval Midgut by using culturing and culture-independent methods[J]. Applied & Environmental Microbiology, 70(1): 293-300.

Brooks R A. 2004. Discovery of *Sphaeroma terebrans*, a wood-boring isopod, in the red mangrove, Rhizophora mangle, habitat of northern Florida Bay[J]. Ambio, 33(3): 171-173.

Brooks R A, Bell S S. 2001. Colonization of a dynamic substrate: factors influencing recruitment of the wood-boring isopod, *Sphaeroma terebrans*, onto red mangrove (Rhizophora mangle) prop roots[J]. Oecologia, 127(4): 522-532.

Brooks R A, Bell S S. 2002. Mangrove response to attack by a root boring isopod: root repair versus architectural modification[J]. Marine Ecology Progress, 231(1): 85-90.

Brooks R A, Bell S S. 2005. The distribution and abundance of *Sphaeroma terebrans*, a wood-boring isopod of Red Mangrove (Rhizophora mangle) habitat within Tampa Bay[J]. Bulletin of Marine Science, 76(1): 27-46.

Brooks R A, 周立志, 王翔. 2004. 在佛罗里达湾北部红树林的大红树(*Rhizophora mangle*)生境中发现蛀木等足动物钻孔团水虱(*Sphaeroma terebrans*)[J]. AMBIO-人类环境杂志, 33(03): 155-157.

Chang H T. 1993. Analysis on the mangrove Flora of the world. Asia-Pacific symposium on mangrove ecosystems[C]. Hong Kong: Hkust.

Chappell J, Hahlbrock K. 1984. Transcription of plant defence genes in response to UV light or fungal elicitor[J]. Nature, 311(5981): 76-78.

Charmantier G, Charmantierdaures M. 1994. Ontogeny of osmoregulation and salinity tolerance in the isopod crustacean *Sphaeroma serratum*[J]. Marine Ecology Progress, 114(1-2): 93-102.

Chen L Z, Wang W Q, Zhang Y H, et al. 2009. Recent progresses in mangrove conservation, restoration and research in China[J]. Journal of Plant Ecology, 2(2): 45-54.

Cheng L, Hogarth P J. 1999. The biology of mangroves[J]. Florida Entomologist, 84(3): 459.

Cheng S S, Chang H T, Wu C L, et al. 2007. Anti-termitic activities of essential oils from coniferous trees against *Coptotermes formosanus*[J]. Bioresour Technol, 98(2): 456-459.

Chua T E. 1992. Coastal aquaculture development and the environment: the role of coastal area management[J]. Marine Pollution Bulletin, 25: 98-103.

Conover D O, Reid G K. 1975. Distribution of the boring isopod *Sphaeroma terebrans* in Florida[J]. Florida Scientist, 38(2): 65-72.

Conover R. 1975. Distribution of the boring isopod *Sphaeroma terebrans*[J]. Florida Scientist, (38): 65-72.

Cook-Patton S C, Mcart S H, Parachnowitsch A L, et al. 2011. A direct comparison of the consequences of plant genotypic and species diversity on communities and ecosystem function[J]. Ecology, 92(4): 915-923.

Cragg S M, Pitman A J, Henderson S M. 1999. Developments in the understanding of the biology of marine wood boring crustaceans and in methods of controlling them[J]. Int Biodet Biodegr, 43:

197-205.

Davidson T M, Hewitt C L, Campbell M. 2008. Distribution, density, and habitat use among native and introduced populations of the Australasian burrowing isopod *Sphaeroma quoianum*[J]. Biological Invasions, 10(4): 399-410.

Davidson T M, Rivera C E D. 2012. Per Capita effects and burrow morphology of a Burrowing Isopod (*Sphaeroma quoianum*) in different estuarine substrata[J]. Journal of Crustacean Biology, 32 (1): 25-30.

Davis J H. 1940. The Ecology and Geologic Role of Mangrove[M]. Florida: Washington Publication.

Duke N C. 1992. Mangrove Floristics and Biogeography[M]. Tropical Mangrove Ecosystems. American Geophysical Union: 63-100.

Egert M, Stingl U, Bruun L D, et al. 2005. Structure and topology of microbial communities in the major gut compartments of *Melolontha melolontha* larvae (Coleoptera: Scarabaeidae)[J]. Applied and Environmental Microbiology, 71(8): 4556-4566.

Ellison A M. 2010. Restoration of mangrove ecosystems[J]. Restoration Ecology, 8(3): 217-218.

Ellison A M, Farnsworth E J. 1990. The ecology of Belizean mangrove-root fouling communities. I. Epibenthic fauna are barriers to isopod attack of red mangrove roots[J]. Journal of Experimental Marine Biology & Ecology, 142(1): 91-104.

Ellison A M, Farnsworth E J, Twilley R R. 1996. Facultative mutualism between Red Mangroves and Root-Fouling Sponges in Belizean Mangal[J]. Ecology, 77(8): 2431-2444.

Ellison J C. 1993. Mangrove retreat with rising sea-level, bermuda[J]. Estuarine Coastal & Shelf Science, 37(1): 75-87.

Engelbrektson A, Kunin V, Wrighton K C, et al. 2010. Experimental factors affecting PCR-based estimates of microbial species richness and evenness[J]. Isme Journal, 4(5): 642.

Estevez E D. 1978. Ecology of *Sphaeroma terebrans* Bate, a wood boring isopod, in a Florida mangrove forest[D]. South Florida: Unpublished PhD Thesis, University of South Florida.

Fei G, Fenghui L, Jie T, et al. 2014. Bacterial community composition in the gut content and ambient sediment of Sea Cucumber *Apostichopus japonicus* revealed by 16S rRNA gene pyrosequencing[J]. PLoS One, 9(6): e100092.

Feifarek B P. 1987. Spines and epibionts as antipredator defenses in the thorny oyster *Spondylus americanus* Hermann[J]. Journal of Experimental Marine Biology Ecology, 105(1): 39-56.

Feller I, Sitnik M. 1996. Mangrove Ecology: a Manual for a Field Course[M]. Washington: Smithsonian Institution: 1-135.

Field C D. 1995. Impact of expected climate change on mangroves[J]. Hydrobiologia, 295(1-3): 75-81.

Field C D. 1999. Rehabilitation of mangrove ecosystems: an overview[J]. Marine Pollution Bulletin, 37(8-12): 383-392.

Flint H J, Bayer E A, Rincon M T, et al. 2008. Polysaccharide utilization by gut bacteria: potential for new insights from genomic analysis[J]. Nature Reviews Microbiology, 6(2): 121-131.

Funge-Smith S J, Briggs M R P. 1998. Nutrient budgets in intensive shrimp ponds: implications for sustainability[J]. Aquaculture, 164(1-4): 117-133.

Gao F, Li F H, Yan J P, et al. 2014. Bacterial community composition in the gut content and ambient sediment of sea cucumber *Apostichopus japonicus* revealed by 16S rRNA gene pyrosequencing[J]. PLoS One, 9(6): e100092.

Georgios O, Vieira T A G, Carla F, et al. 2013. Fecal microbial diversity in pre-weaned dairy calves as described by pyrosequencing of metagenomic 16S rDNA. Associations of *Faecalibacterium* species with health and growth[J]. PLoS One, 8(4): e63157.

Gordon J, Nikhil D. 2006-12-22. Scientists link weight to gut bacteria[N]. China Daily, (7).

Gowen R J. 1992. Aquaculture and Environment[M]//de Pauw N, Joyce J. Aquaculture and the Environment. Ghent (Belgium): European Aquaculture Society Special Publication: 16: 23-48.

Guindon S, Dufayard J F, Lefort V, et al. 2010. New algorithms and methods to estimate maximum-likelihood phylogenies: assessing the performance of PhyML 3.0[J]. Systematic Biology, 59(3): 307-321.

Haddad N M, Crutsinger G M, Gross K, et al. 2009. Plant species loss decreases arthropod diversity and shifts trophic structure[J]. Ecology Letters, 12(10): 1029-1039.

Haddad N M, Crutsinger G M, Gross K, et al. 2011. Plant diversity and the stability of foodwebs[J]. Ecology Letters, 14(1): 42-46.

Han C, Li Q, Li X, et al. 2018. *De novo* assembly, characterization and annotation for the transcriptome of *Sphaeroma terebrans* and microsatellite marker discovery[J]. Genes & Genomics, 40(2): 167-176.

Harman M T, Freeman J. 1977. The population ecology of organizations[J]. American Journal of Sociology, 82(5): 929-964.

Harrison K, Holdich D M. 1984. *Hemibranchiate sphaeromatids* (Crustacea: Isopoda) from Queensland, Australia, with a world-wide review of the genera discussed[J]. Zoological Journal of the Linnean Society, 81(4): 275-387.

Harvey C E. 1969. Breeding and Distribution of *Sphaeroma* (Crustacea: Isopoda) in Britain[J]. Journal of Animal Ecology, 38(2): 399-406.

Hongoh Y, Deevong P, Inoue T, et al. 2005. Intra and interspecific comparisons of bacterial diversity and community structure support coevolution of gut microbiota and termite host[J]. Applied and Environmental Microbiology, 71(11): 6590-6599.

Huawen L, Lin W H. 2013. The damages and controlling strategies of *Sphaeroma* in Dongzhaigang Mangroves[J]. Tropical Forestry, 41(4): 35-37.

ICES. 1989. Environmental impacts of mariculture[A]//ICES (International Council for the exploration of the Sea) Cooperative Research report. Copenhagen: ICES.

Iii R R L. 2005. Ecological engineering for successful management and restoration of mangrove forests[J]. Ecological Engineering, 24(4): 403-418.

Iverson E W. 1982. Revision of the isopod family Sphaeromatidae (Crustacea: Isopoda: Flabellifera) I. subfamily names with diagnoses and key[J]. Journal of Crustacean Biology, 2(2): 248-254.

Jackson J B, Buss L. 1975. Alleopathy and spatial competition among coral reef invertebrates[J]. Proceedings of the National Academy of Sciences, 72(12): 5160-5163.

John P A. 1971. Reaction of *Sphaeroma terebrans* Bate to other sedentary organisms infesting the wood[J]. Zoologischer Anzeiger, 186: 126-136.

Jorundur S, Melckzedeck K W O, Emil Ó. 2002. 蛀木生物钻刺团水虱是否改变红茄冬红树林的分布形状[J]. AMBIO-人类环境杂志, 31(Z1): 574-579+622.

Kathiresan K, Bingham B L. 2001. Biology of mangroves and mangrove ecosystems[J]. Advances in Marine Biology, 40(01): 81-251.

Kilpert F, Podsiadlowski L. 2006. The complete mitochondrial genome of the common sea slater, *Ligia oceanica* (Crustacea, Isopoda) bears a novel gene order and unusual control region features[J]. BMC Genomics, 7(1): 241.

Kilpert F, Podsiadlowski L. 2010. The Australian fresh water isopod (Phreatoicidea: Isopoda) allows insights into the early mitogenomic evolution of isopods[J]. Comparative Biochemistry and Physiology Part D: Genomics and Proteomics, 5(1): 36-44.

Kinga A J, Cragg S M, Li Y, et al. 2010. Molecular insight into lignocellulose digestion by a marine isopod in the absence of gut microbes[J]. PNAS, 107(12): 5345-5350.

Kussakin O G, Malyutina M V. 1993. Sphaeromatidae (Crustacea: Isopoda: Flabellifera) from the South China Sea[J]. Invertebrate Systematics, 7(5): 1167-1203.

Labarbera M. 1984. Feeding currents and particle capture mechanisms in suspension feeding animals[J]. American Zoologist, 24(1): 71-84.

Laslett D, Canback B. 2008. Arwen: a program to detect tRNA genes in metazoan mitochondrial nucleotide sequences[J]. Bioinformatics, 24(2): 172-175.

Lewis R R. 2005. Ecological engineering for successful management and restoration of mangrove forests[J]. Ecological Engineering, 24(4): 403-418.

Lewis R R. 2009. Methods and criteria for successful mangrove forest restoration[J]. Coastal Wetlands, (28): 787-800.

Li K, Guan W, Wei G, et al. 2007. Phylogenetic analysis of intestinal bacteria in the Chinese mitten crab (*Eriocheir sinensis*)[J]. Journal of Applied Microbiology, 103(3): 675-682.

Li X F, Han C, Zhong C R, et al. 2016. Identification of *Sphaeroma terebrans* via morphology and the mitochondrial cytochrome coxidase subunit I (COI) gene[J]. Zoological Research, 37(5): 307-312.

Lin H W, Lin W H. 2013. The damage and controlling strategies of *Sphaeroma* in Dongzhaigang mangroves[J]. Tropical Forestry, 41(4): 35-37.

Liu R Y. 2008. Checklist of Marine Biota of China Seas[M]. Beijing: Science Press: 772-809.

Logares R, Haverkamp T H A, Kumar S, et al. 2012. Environmental microbiology through the lens of high throughput DNA sequencing: synopsis of current platforms and bioinformatics approaches[J]. Journal of Microbiological Methods, 91: 106-113.

Lowe T M, Chan P P. 2016. tRNAscan-SE On-line: integrating search and context for analysis of transfer RNA genes[J]. Nuclc Acids Research, 44(W1): W54-W57.

MacNae W. 1968. A general account of the fauna and flora of mangrove swamps and forest in Indo west pacific region[J]. Advances in Marine Biology, 73(6): 270.

Marchini A, Costa A C, Ferrario J, et al. 2018. The global invader *Paracerceis sculpta* (Isopoda: Sphaeromatidae) has extended its range to the Azores Archipelago[J]. Marine Biodiversity, 48: 1001-1007.

Mark S, M Kainuma, L Collins. 2010. World Atlas of Mangrove[M]. London, UK: Earthscan Publications Ltd.

Masterson J. 2017. *Sphaeroma terebrans* Bate 1866, mangrove isopod[DB]. Smithsonian Marine Station. http://www.sms.si.edu/irlspec/Sphaeroma_terebrans.htm.

Mcleod E, Salm R V. 2006. Managing mangroves for resilience to climate change[J]. Science, 2(64): 6.

Menzies R J. 1959. The identification and distribution of the species of *Limnoria*[J]. In Marine Boring and Fouling Organisms, 1959: 153-164.

Messana G. 2004. How can I mate without an appendix masculina? The case of *Sphaeroma terebrans* Bate, 1866 (Isopoda, Sphaeromatidae)[J]. Crustaceana, 77(4): 499-505.

Messana G, Bartolucci V, Mwaluma J, et al. 1994. Preliminary observations on parental care in *Sphaeroma terebrans* Bate, 1866 (Isopoda, Sphaeromatida), a mangrove wood borer from Kenya[J]. Ethology Ecology & Evolution, 6(1): 125-129.

Meylan A. 1988. Spongivory in hawksbill turtles: a diet of glass[J]. Science, 239(4838): 393-395.

Michael C. 2017. Global temperatures[DB]. http://earthobservatory.nasa.gov/Features/WorldOfChange/decadaltemp.php.

Moran D, Turner S J, Clements K D. 2005. Ontogenetic development of the gastrointestinal microbiota in the marine herbivorous fish *Kyphosus sydneyanus*[J]. Microbial Ecology, 49(4): 590-597.

Murata Y, Wada K. 2002. Population and reproductive biology of an intertidal sandstone-boring isopod, *Sphaeroma wadai* Nunomura, 1994[J]. Journal of Natural History, 36(1): 25-35.

Nair N B, Saraswathy M. 1971. The biology of wood-boring Teredinid Molluscs[J]. Advances in Marine Biology, 9: 335-509.

Ohkuma M, Noda S, Hongoh Y, et al. 2002. Diversebacteria related to the bacteroides subgroup of the CFB phylum within the gut symbiotic communities of various termites. Biosci Biotechnol Biochem, 66(1): 78-84.

Palma P, Santhakumaran L N. 2014. Shipwrecks and Global 'Worming'[M]. Oxford: Archaeopress.

Perry D M. 1988. Effects of associated fauna on growth and productivity in the Red Mangrove[J]. Ecology, 69(4): 1064-1075.

Perry D M, Brusca R C. 1989. Effects of the root-boring isopod *Sphaeroma peruvianum* on red mangrove forests[J]. Marine Ecology Progress Series, 57(3): 287-292.

Pillai N K. 1965. The role of crustacea in the destruction of submerged timber[J]. Proceedings of the symposium on Crustacea, Part III, MBAI, (1): 12-15.

Prato E, Danieli A, Maffia. M, et al. 2012. Lipid contents and fatty acid compositions of *Idotea baltica* and *Sphaeroma serratum* (Crustacea: Isopoda) as indicators of food sources[J]. Zoological Studies, 51(1): 38-50.

Prescott L M, Harley J P, Klein D A. 2010. Microbiology[M]. Eighth edition. New York: McGraw Hill International Edition.

Quarles W. 2007. Global warming means more pests[J]. Management, 29(9/10): 1-8.

Radhakrishnan R, Natarajan R, Mohamad K H. 1987. Seasonal variation in the abundance of wood boring molluscs in Vellar estuary, southeast coast of India[J]. Tropical Ecology, 28: 49-56.

Rakotomavo A, Fromard F. 2010. Dynamics of mangrove forests in the Mangoky River delta, Madagascar, under the influence of natural and human factors[J]. Forest Ecology and Management, 259(6): 1161-1169.

Reddi E U B, Raman A V, Satyanarayana B, et al. 2003. 印度东海岸 Coringa 红树林生态系统退化研究(英文)[J]. 南京林业大学学报(自然科学版), (02): 1-6.

Regina W, Pérez-Losada M, Bruce N L. 2013. Phylogenetic relationships of the family Sphaeromatidae Latreille, 1825 (Crustacea: Peracarida: Isopoda) within Sphaeromatidea based on 18S rDNA molecular data[J]. Zootaxa, 3599(2): 161-177.

Rehm A, Humm H J. 1973. *Sphaeroma terebrans*: a threat to the mangroves of Southwestern Florida[J]. Science, 182(4108): 173-174.

Reuter J S, Mathews D H. 2010. RNA structure: software for RNA secondary structure prediction and analysis[J]. BMC Bioinformatics, 11(1): 129.

Ribi G. 1982. Differential colonization of roots of Rhizophora mangle by the Wood Boring Isopod *Sphaeroma terebrans* as a mechanism to increase root density[J]. Marine Ecology, 3(1): 13-19.

Rice S A, Johnson B R, Estevez E D. 1990. Wood-boring marine and estuarine animals in Florida[M]. Extension Bulletin (USA), Florida Sea Grant College Program, University of Florida.

Richards P W. 1996. Thetropical Rain Forest[M]. Second edition. Cambridge: Cambridge University Press.

Rosa T L, Mirto S, Marino A, et al. 2001. Heterotrophic bacteria community and pollution indicators of mussel-farm impact in the Gulf of Gaeta (Tyrrhenian Sea)[J]. Marine Environmental Research,

52(4): 301-321.

Rotramel G. 1975. Filter-feeding by the marine boring isopod, *Sphaeroma quoyanum* H. Milne Edwards, 1840 (Isopoda, Sphaeromatidae)[J]. Crustaceana, 28(1): 7-10.

Russell F E. 1984. Marine toxins and venomous and poisonous marine plants and animals (invertebrates)[J]. Advances in Marine Biology, 21(6): 159-217.

Sankaranarayana Iyer S, John P A, Balusubramanian N K. 1987. Breeding of wood boring Sphaeromatids in the major lakes of Kerala, India[J]. Journal of Marine Biological Association, 29(1-2): 195-200.

Santhakumaran L N. 1996. Marine wood-borers from mangroves along Indian coasts[J]. Indian Academy of Wood Science, 26-27(1-2): 1-14.

Shinzato N, Muramatsu M, Matsui T, et al. 2005. Molecular phylogenetic diversity of the bacterial community in the gut of the termite *Coptotermes formosanus*[J]. Biosci Biotechnol Biochem, 69(6): 1145-1155.

Shinzato N, Muramatsu M, Matsui T, et al. 2007. Phylogenetic analysis of the gut bacterial microflora of the fungus-growing termite *Odontotermes formosanus*[J]. Biosci Biotechnol Biochem, 71(4): 906-915.

Si A, Bellwood O, Alexander C G. 2010. Evidence for filter-feeding by the wood-boring isopod, *Sphaeroma terebrans* (Crustacea: Peracarida)[J]. Proceedings of the Zoological Society of London, 256(04): 463-471.

Silliman B R, Mccoy M W, Angelini C, et al. 2013. Consumer fronts, global change, and runaway collapse in ecosystems[J]. Annual Review of Ecology Evolution & Systematics, 44(1): 503-538.

Simberloff D, Brown B J, Lowrie S. 1978. Isopod and insect root borers may benefit Florida mangroves[J]. Science, 201: 630-632.

Snedaker S C, Meeder J F, Ross M S, et al. 1994. Mangrove ecosystem collapse during predicted sea-level rise-Holocene analogues and implications-discussion[J]. Journal of Coastal Research, 10: 497-498.

Spalding M. 1997. The global distribution and status of mangrove ecosystems, international news letter of coastal management-intercoast network[J]. Special Edition, (1): 20-21.

Sun D L, Jiang X, Wu Q L, et al. 2013. Intragenomic heterogeneity of 16S rRNA genes causes overestimation of prokaryotic diversity[J]. Applied & Environmental Microbiology, 79(19): 5962-5969.

Svavarsson J, Olafsson E. 2002. 蛀木生物钻刺团水虱是否改变红茄冬红树林的分布形状?[J]. AMBIO-人类环境杂志, 31(7): 574-579.

Svavarsson J, Osore M K W, Lafsson E. 2002. Does the wood-borer *Sphaeroma terebrans* (Crustacea) shape the distribution of the mangrove Rhizophora mucronata?[J]. Ambio, 31(7): 574-579.

Talley T S, Crooks J A, Levin L A. 2001. Habitat utilization and alteration by the invasive burrowing isopod, *Sphaeroma quoyanum*, in California salt marshes[J]. Marine Biology(Berlin), 138(3): 561-573.

Tattersall W. 1921. Report on the Stomatopoda and macrurous Decapoda collected by Mr. Cyril Crossland in the Sudanese Red Sea[J]. Zoological Journal of the Linnean Society, 34(229): 345-398.

Thiel M. 1999. Reproductive biology of a wood-boring isopod, *Sphaeroma terebrans*, with extended parental care[J]. Marine Biology (Berlin), 135(2): 321-333.

Thiel M. 2000. Juvenile *Sphaeroma quadridentatum* invading female-offspring groups of *Sphaeroma terebrans*[J]. Journal of Natural History, 34(5): 737-745.

Thiel M. 2001. Parental care behavior in the wood-boring isopod *Sphaeroma terebrans*[J]. Research, 13: 267-276.

Thiel M. 2011. Parental care behavior in the wood-boring isopod *Sphaeroma terebrans*. Isopod systematics and evolution[J]. Crustacean Issues, 13: 267-276.

Timothym D, Chadl H, Marnie C. 2008. Distribution, density, and habitat use among native and introduced populations of the Australasian burrowing isopod *Sphaeroma quoianum*[J]. Biological Invasions, 10(4): 399-410.

Valiela I, Bowen J L, York J K. 2001. Mangrove forests: one of the world's threatened major tropical environments[J]. Bioence, 51(10): 807-815.

Vance R R. 1978. A mutualistic interaction between a sessile marine clam and its epibionts[J]. Ecology, 59(4): 679-685.

Villalobos C R, Cruz G A. 1985. Notes on the biology of *Sphaeroma terebrans* Bate, 1866 (Sphaeromatidae: Isopoda) in the mangrove swamps of Pochote, Puntarenas Province, Costa Rica[J]. Brenesia. San Jose, (24): 287-296.

Walsh G E. 1970. Mangroves, a Review[M]//Reimold R T, Queen H. Ecology of Halophytes. New York: Academic Press.

Wetzer R, Pérez-Losada M, Bruce N L. 2013. Phylogenetic relationships of the family Sphaeromatidae Latreille, 1825 (Crustacea: Peracarida: Isopoda) within Sphaeromatidea based on 18S rDNA molecular data[J]. Zootaxa, 3599(2): 161-177.

Wilkinson L L. 2004. The Biology of *Sphaeroma terebrans* in lake Pontchartrain, louisiana with emphasis on burrowing[D]. New Orleans: University of New Orleans.

Willis M J, Heath D J. 1985. Genetic variability and environmental variability in the estuarine isopod *Sphaeroma rugicauda*[J]. Heredity, 55: 413-420.

Wu R S. 1995. The environmental impact of marine fish culture: towards a sustainable future[J]. Marine Pollution Bulletin, 31: 159-166.

Wyman S K, Jansen R K, Boore J L. 2004. Automatic annotation of organellar genomes with dogma[J]. Bioinformatics, 20(17): 3252-3255.

Xin K, Xie Z L, Zhong C R, et al. 2020. Damage Caused by Sphaeroma to Mangrove Forests in Hainan, Dongzhaigang, China[J]. Journal of Coastal Research, 36(6): 1197-1204.

Yang M L, Gao T W, Ding H, et al. 2019. Complete mitochondrial genome and the phylogenetic position of the *Sphaeroma* sp. (Crustacea, Isopod, Sphaeromatidae)[J]. Mitochondrial DNA Part B, 4(2): 3896-3897.

Yu H Y, Li X Z. 2003. Study on the species of Sphaeromatidae from Chinese waters[J]. Studia Marina Sinica, 45: 239-259.

Zhou X, Smith J A, Oi F M, et al. 2007. Correlation of cellulase gene expression and cellulolytic activity throughout the gut of the termite *Reticulitermes flavipes*[J]. Gene, 395(1-2): 29-39.

后　记

本书的最终出版，凝聚了中国林业科学研究院热带林业研究所和合作单位科技工作者多年的研究成果，包括海南大学、北京航空航天大学、广西红树林研究中心、海南东寨港国家级自然保护区管理局等单位。全书从筹划到定稿，各位撰写组成员也付出了辛勤劳动。全书的整体构思与统稿由廖宝文研究员完成；第 1 章中国红树林团水虱危害概况主要由廖宝文（1.1、1.2.1～1.2.5）和刘文爱（1.2.6）完成；第 2 章团水虱生物生态学特性主要由杨玉楠（2.1、2.2）、黄勃（2.3、2.4、2.6、2.7）、吴斌（2.5）、刘文爱（2.8）等完成；第 3 章红树林湿地环境与团水虱对红树林的危害主要由廖宝文（3.1～3.3）、王瑁（3.4）、杨玉楠（3.5）、刘文爱（3.6）、辛琨（3.7）等完成；第 4 章团水虱危害的防治方法主要由刘文爱（4.1、4.3）、管伟（4.2.1、4.2.2）、黄勃（4.2.3）、廖宝文（4.4）等完成；第 5 章团水虱危害受损退化区域红树林恢复技术主要由钟才荣（5.1～5.7）等完成。

衷心感谢中国林业科学研究院张守功院士为本书作序。

全书文字和图片主要由张锟负责编排，照片主要由廖宝文、辛琨、钟才荣、杨玉楠、刘文爱等拍摄，东寨港红树林景观鸟瞰照片由李幸璜拍摄，典型红树林近景图片由陈鹭真拍摄，有孔团水虱形态结构图片由中山大学黄建荣老师提供，在此一并致谢！

著　者

2020 年 8 月